Alan de Oliveira Lopes

SUPERFATURAMENTO DE OBRAS PÚBLICAS

ESTUDO DAS FRAUDES EM LICITAÇÕES

E CONTRATOS ADMINISTRATIVOS

Carta de apresentação do livro

O presente trabalho trata com a devida amplitude o popular tema Superfaturamento de Obras Públicas, preenche parte da lacuna há muito sentida no mercado de publicações relacionadas a licitações e contratos. O tema é tratado sem rodeios de forma direta e objetiva.

A experiência profissional do autor na elaboração de perícias de engenharia em investigações da Polícia Federal é refletida no texto com riqueza de detalhes. O livro tem como objetivo, auxiliar na prevenção das mais danosas fraudes em obras públicas, de forma sistematizada e clara; uma a uma as fraudes são diagnosticadas e esclarecidas, permitindo ainda a sua mensuração em termos dos seus impactos financeiros. O uso de técnicas da engenharia de custos, com enfoque na legislação brasileira, oferece uma linguagem atualizada para a melhoria da comunicação entre os engenheiros envolvidos com licitação, contratação, fiscalização e os operadores do Direito.

O texto parte de uma contextualização histórica e conceitual, expandindo o detalhamento do conceito de superfaturamento de obras públicas, abordando outros tipos de danos ao erário afeitos a esse tipo de atividade. Os capítulos são apresentados de forma prática, com exemplos, muitos oriundos de casos reais, com objetivo de bem esclarecer a teoria apresentada.

Ao final da obra são apresentadas propostas detalhadas de alterações legislativas e de gestão pública, idealizadas pelo autor como melhorias administrativas no combate à corrupção nas obras públicas.

Sob esse olhar técnico-científico a obra pretende ser um referencial, mas não a palavra final sobre o tema das fraudes em licitações e contratos administrativos, e sim mais um incentivo à escassa produção literária especializada.

Breve Currículo do Autor

Alan de Oliveira Lopes

Graduado em Engenharia Civil pela Universidade de Brasília (UnB) em 1997. Mestre em Transportes pela Universidade de Brasília (2014).

Exerce o cargo de Perito Criminal Federal da Polícia Federal (PF), há oito anos, todos dedicados ao Serviço de Perícia de Engenharia (SEPEMA) do Instituto Nacional de Criminalística (INC). É professor da disciplina: Engenharia Legal dos cursos de formação profissional da Academia Nacional de Polícia (ANP). Foi coordenador, no âmbito da PF, de grupos responsáveis pela elaboração de Manuais de Perícia voltados à identificação e mensuração de fraudes em obras públicas.

Atuou, na elaboração e coordenação de equipes de peritos, na execução de perícias em diversos casos e operações policiais de repercussão nacional, tais como: o Caso Sudam, a Ruptura da Barragem de Cataguases/MG em 2003, o Acidente do Voo JJ 3054 da TAM em Congonhas em 2007, Operação Caixa-Preta em 2009, Operação Caixa de Pandora em 2011 e Operação Fair Play em 2014 — palestrante em diversos eventos relativos ao tema.

DEDICATÓRIA

Ao fechar os olhos agradeço imensamente à força que vem do Espírito Santo, ouço calmamente as palavras de Cristo, não há como dizer não a um chamado de Deus.

Mil vezes eu vivesse não mereceria uma família tão amável. Só posso agradecer aos meus amores Val, Renan e Lucas pela paciência nas horas de afastamento do convívio familiar.

Que exemplo maior de probidade e dedicação ao serviço público eu poderia ter tido, do que o dado pelos meus pais, Aloísio e Tereza.

Dizem que sorte não existe, mas tive sorte (satisfação) de conviver com inigualáveis Peritos Criminais Federais, a abnegação que dedicamos em tantas missões pelos quatro cantos do País foram essenciais para a minha formação e sem a colaboração de muitos deles esse livro seria inviável.

Aos colegas dos demais órgãos públicos que muito me ensinaram sobre o serviço público e seus desvios.

À empregada doméstica que devolveu uma carteira com dinheiro, à prefeita que denunciou um empresário corrupto, ao empresário que filmou a entrega de propinas; todos esses bons exemplos, que nas horas mais difíceis me impedem de desistir.

E, como não, agradecer as "pedras" que a vida colocou no meu caminho.

AGRADECIMENTOS

Esse espaço é dedicado a um reconhecimento especial dos diversos colaboradores que acreditaram nesse projeto e que muito contribuíram, com informações, perguntas, críticas e sugestões. Peço que continuem firmes no propósito de construir um serviço público de qualidade. Para eles o meu sincero muito obrigado:

Acir de Oliveira Junior

Alexandre Bacellar Raupp

Bruno Teixeira Dantas

Carlos André Xavier Villela

Dennys Rodrigues Oliveira

Emílio César Gonçalves de Mendonça

Giovani Vilnei Rotta

Laércio de Oliveira e Silva Filho

Marcos Cavalcanti Lima

Pedro de Sousa Oliveira Júnior

Rafael Gonçalves Maciel

Régis Signor

André Luiz Mendes

Rhassanno Caracciollo Patriota

Carlos Sebastião da Costa

Magno Mello

Sumário

APRESENTAÇÃO

Este livro foi concebido como uma forma de sistematizar o conhecimento adquirido ao longo dos anos de prática profissional como Perito Criminal Federal da Polícia Federal. As perícias de engenharia legal voltadas às fraudes em licitações e contratos da Administração se tornaram um ativo ramo da engenharia de custos. A observação e a transpiração ao longo de oito anos, de atuação sistemática na materialização de corpos de delito, envolvendo obras de engenharia em todo o Brasil, possibilitou apresentar esse universo de investigações de fraudes em obras públicas pela ótica técnico-científica. Uma extensa coleção de fraudes, em suas várias modalidades é apresentada. A possibilidade de trabalhar em equipe com outros profissionais brilhantes, da Polícia Federal e de outros órgãos públicos, proporcionou a vivência de dezenas de casos, coletados em todo o território nacional.

Essa nova realidade do serviço público, no início do século XXI, permitiu o surgimento de sofisticados serviços de perícia e auditoria, os quais já apresentam frutos promissores. A presente obra apresenta numa linguagem direta, com formulações matemáticas, as modernas formas de se identificar as fraudes mais comuns nas contratações e execuções de obras públicas. De antemão, já se esclarece que não existe uma pílula mágica ou atalho, não existe caminho, ainda, que não passe pelo trabalho paciente e organizado de análise de documentação, exames físicos de local ou laboratório e por fim o pesado processamento de dados.

Em seu início, uma breve contextualização histórica coloca o trabalho em sua devida perspectiva: o uso das *public works* para formação e sustentação de grupos de poder, por meio de operações legais ou ilegais. Assim, os capítulos seguintes reproduzem os diversos tipos de danos ao erário já identificados, em especial o superfaturamento, caracterizado por qualquer forma de cobrança indevida, segmentado até as menores parcelas de mesma natureza, tratadas de forma distinta, evitando-se a superposição de efeitos ou a sua anulação. Por fim, soluções são apresentadas, como sementes, para que os formadores de opinião e demais envolvidos possam refletir sobre novos caminhos da Administração Pública Brasileira.

Busca-se demonstrar que, muito antes de uma determinada construção ser realizada, um esquema fraudulento já pode ter sido montado. A abordagem, a partir da legislação brasileira e das adequadas práticas de engenharia, busca criar um canal de comunicação entre os operadores do Direito e os engenheiros e demais técnicos responsáveis pela boa aplicação de recursos públicos.

Existem muitas questões, ainda em aberto ou pouco estudadas, que oferecem um promissor leque de oportunidade de estudo e pesquisa à comunidade acadêmica e profissional interessadas. Os problemas são apresentados na expectativa de fomentar o seu estudo por outros pesquisadores e formadores de opinião. Não poderia vir em melhor hora, porém muito trabalho deverá ser realizado para a moralização e profissionalização das licitações de obras públicas brasileiras. As futuras contratações de obras de infraestrutura, para atender às demandas da Copa do Mundo de Futebol de 2014 e das Olimpíadas de 2016, são a oportunidade ideal para a mudança de paradigma.

"Não furtarás." Êxodo 20:15.

1   LISTA DE FIGURAS

2 LISTA DE EQUAÇÕES

3 LISTA DE TABELAS

4   OBJETIVOS

O presente livro, parte dele em formato de manual, tem por objetivo fornecer orientações gerais para a quantificação de danos ao erário, em especial os relacionados ao superfaturamento, ocorridos em processos licitatórios, contratações e convênios com a Administração Pública.

No site do governo federal, sobre o programa de aceleração do crescimento é possível visualizar o peso dos gastos com obras públicas nas contas do tesouro nacional, isso sem se considerar os orçamentos estaduais e municipais. No endereço eletrônico acessado em 12/09/2010, http://www.brasil.gov.br/pac/investimentos/, menciona-se que se planejava investir com recursos próprios ou financiamentos públicos em torno de R$500 bilhões de reais em diversas áreas estratégicas no período de 2007 a 2010.

"O Programa de Aceleração do Crescimento (PAC) vai aplicar em quatro anos um total de investimentos em infraestrutura da ordem de R$ 503,9 bilhões, nas áreas de transporte, energia, saneamento, habitação e recursos hídricos. A expansão do investimento em infraestrutura é condição fundamental para a aceleração do desenvolvimento sustentável no Brasil. Dessa forma, o País poderá superar os gargalos da economia e estimular o aumento da produtividade e a diminuição das desigualdades regionais e sociais.
O conjunto de investimentos está organizado em três eixos decisivos: Infraestrutura Logística, envolvendo a construção e ampliação de rodovias, ferrovias, portos, aeroportos e hidrovias; Infraestrutura Energética, correspondendo a geração e transmissão de energia elétrica, produção, exploração e transporte de petróleo, gás natural e combustíveis renováveis; e Infraestrutura Social e Urbana, englobando saneamento, habitação, metrôs, trens urbanos, universalização do programa Luz para Todos e recursos hídricos.
Para a Infraestrutura Logística, a previsão de investimentos de 2007 a 2010 é de R$ 58,3 bilhões; para a Energética, R$ 274,8 bilhões; e para a Social e Urbana, R$ 170,8 bilhões.
Mais que um plano de expansão do investimento, o PAC quer introduzir um novo conceito de investimento em infraestrutura no Brasil. Um conceito que faz das obras de infraestrutura um instrumento de universalização dos benefícios econômicos e sociais para todas as regiões do País."

O êxito nessa missão, mesmo com atraso, dependerá da capacidade da Administração, na figura de gestores, fiscais, engenheiros, advogados e demais técnicos, em gerenciar a máquina pública adequadamente. Eis que, o conhecimento das fraudes que podem envolver obras públicas é vital para uma trajetória de sucesso. A tentação de uso de licitações por tipo de técnica e preço para obras ou execução indireta por empreitada, por preço global e outros detalhamentos, que acabam por restringir a concorrência, e por diminuir a transparência, são soluções que têm se mostrado perigosas para os servidores públicos que postam suas assinaturas nos contratos e faturas.

A metodologia apresentada nesse trabalho foi desenvolvida especialmente para a realização de perícias de engenharia de custo relativas às contratações de obras e serviços de engenharia, entretanto a mesma pode ser aplicada, com os devidos ajustes específicos, a todo tipo de contratação.

Para boa compreensão do texto, é necessário que o perito ou profissional especializado, já seja iniciado nas disciplinas de Engenharia de Custos, Licitações e Contratos Administrativos. Pretende-se unificar entendimentos técnicos, envolvendo todos os profissionais dessa área, de forma a estabelecer uma visão conjunta das teorias de planejamento, de gestão, de fiscalização, de auditoria e de perícia de obras públicas. Visa estabelecer o cálculo de forma escalonada, abrangendo as diversas parcelas de superfaturamento já identificadas, de forma a bem caracterizá-las e impedir a contaminação ou superposição dos efeitos de uma parcela em outra equivocadamente, por exemplo, o abatimento de falta de quantidades de serviços contratados com a ocorrência de subpreço nominal.

Como objetivo secundário tem-se a retroalimentação da metodologia, através de seu uso pela comunidade técnico-científica nos diversos casos, presentes e futuros, tendo em vista a eterna mutação dos mecanismos das fraudes em nosso país.

5 CONTEXTO HISTÓRICO DAS FRAUDES EM OBRAS PÚBLICAS

5.1 A Engenharia Legal

5.1.1 Introdução

Dentre as atribuições constitucionais da Polícia Federal (PF), está a apuração de ilícitos envolvendo o patrimônio da União. A atividade da Criminalística da PF, na área de engenharia legal, se concentra em investigações que envolvem procedimentos administrativos afeitos à contratação da execução de obras públicas, à sua compra, venda ou permuta onde ocorrem desvios de recursos por meio de danos ao erário por diversos meios. Historicamente, o combate a esse tipo de fraude se mostra extremamente difícil e pouco efetivo. A análise de o seu contexto histórico, confrontada com os cenários da atualidade, facilita a compreensão de sua dinâmica e permitem estabelecer metas e objetivos focados na realidade dos fatos.

Os objetivos primordiais dos órgãos de controle e repressão podem ser resumidos da seguinte maneira:

a) **Garantia da supremacia do interesse público** – com a execução de projetos, serviços e obras efetivamente necessários e funcionais, dentro da melhor relação de custo-benefício. Este é o norteador de todos os objetivos;

b) **Conclusão dos projetos e obras com qualidade** – evitar a inexecução de obras ou impedir a sua conclusão sem a devida qualidade;

c) **Pagamento de preços reais de mercado** – trabalhar com o objetivo de que as contratações ocorram sob ótica da concorrência perfeita, visando à remuneração por preços reais de mercado (sem sobrepreços);

d) **Garantia de isonomia de oportunidades** – mesmo que uma contratação tenha os outros macro-objetivos atendidos é necessário oferecer a isonomia de oportunidade, evitando-se privilegiar determinados grupos;

e) **Evitar práticas de corrupção** – geralmente a fonte de todos os problemas. Eis que, o combate ao pagamento de propinas e outros tipos de procedimento ilegais é de extrema importância para o bom andamento da Administração e à defesa do patrimônio público; e

f) **Racionalização das ações de controle** – o uso eficaz e legal dos meios para fiscalização, controle, repressão policial e do processo judicial; evitando o desperdício e o gasto excessivo de recursos nessas atividades.

O trato dessas questões no campo administrativo e criminal tem como interface a questão técnica onde a análise físico-financeira apontará a ocorrência de superfaturamento ou outra forma de dano ao erário. A diferença residirá basicamente na ocorrência do dolo ou não. A atividade de perícia criminal está inserida nos procedimentos regidos pelos Códigos Penal e Processual Penal. Assim a Criminalística segue, dentre outros, o princípio da verdade real e da presunção de inocência, o ideal seria que no rol das provas de acusação existisse uma declaração de culpa (confissão do crime), como isso é uma hipótese pouco provável, em função do perfil de criminoso que se investiga, é necessário aos operadores do Direito a acurada análise do conjunto probatório para a conclusão plausível dos fatos, dentre essas provas está inserido o laudo pericial criminal.

5.1.2   *A Engenharia Legal na Atualidade*

Segundo o Instituto de Engenharia Legal (IEL), "a engenharia legal compreende todas as atividades do engenheiro tendentes a solucionar problemas jurídicos que dependem de conhecimentos técnicos, os quais normalmente não são inerentes aos advogados e magistrados".

Já o conceito adotado pelo Instituto Brasileiro de Avaliações e Perícias de Engenharia (Ibape) seria: "O ramo de especialização da engenharia dos profissionais, registrados nos Creas, que atuam na interface direito-engenharia, colaborando com juízes, advogados e as partes para esclarecer aspectos técnico-legais envolvidos em demandas."

A expressão "Engenharia Legal" é oficialmente utilizada desde a edição do Decreto n ° 23.569, de 11 de dezembro de 1937, que regulamentou o exercício da profissão de engenheiro.

Na esfera penal, no âmbito de atribuições constitucionais da Polícia Federal, a Engenharia Legal tem contribuído decisivamente para a solução de muitas questões dentro da moderna investigação criminal. Como visto anteriormente, a aplicação dos recursos e conhecimentos da Engenharia é utilizado para esclarecimentos e instrução de processos judiciais, ou seja, para auxiliar, decisivamente na elucidação da ocorrência ou não de ilícitos penais contra a Administração.

5.2   Os Crimes Financeiros e as Obras de Engenharia

5.2.1   *O primeiro caso de corrupção no Brasil*

A obra do historiador Eduardo Bueno[1] e outros autores narra com detalhes às práticas de corrupção dos primeiros governantes do Brasil.

---

[1] A Coroa, A Cruz e A Espada - Lei, ordem e corrupção no Brasil Colônia, da (e) Coleção Terra Brasilis - Volume 4 - 2006 - Eduardo Bueno – Editora Objetiva.

Tomé de Souza foi o 1° governador geral do Brasil e recebeu como missão a criação da primeira "capital", Salvador, com o objetivo de resguardar as demais capitanias sob ameaça de invasões externas e revoluções internas. Junto com ele vieram: o primeiro ouvidor geral, Pero Borges e o primeiro provedor-mor da Fazenda, Antônio Cardoso de Barros.

Pero Borges desembarcou na Bahia em 29 de março de 1549, na comitiva do 1° governador-geral da colônia, Tomé de Souza. Ocupava cargo de relevo em Portugal e, meses antes, fora nomeado ouvidor-geral do Brasil. O posto que equivaleria hoje ao de ministro da Justiça, proporcionava-lhe alto salário: Pero Borges ganhava 200.000 (duzentos mil) réis por ano, o que recebeu de forma antecipada a viagem para o Brasil.

O adiantamento de salário esteve longe de ser o único favor que dom João III prestou a Pero Borges. Corregedor em Elvas, Portugal, o doutor Borges foi por ele incumbido, em 1543, de supervisionar a construção de um aqueduto. Adquiriu o estranho hábito de receber dinheiro em casa, "sem a presença do escrivão nem do depositário". Quando as obras foram paralisadas antes de concluído o aqueduto, "algum clamor de desconfiança se levantou no povo".

Os oficiais da Câmara de Elvas escreveram então ao rei, solicitando que o caso fosse investigado. Uma comissão averiguou detidamente as contas e apurou que o doutor Pero Borges tinha desviado 114.064 (cento e quatorze mil e sessenta e quatro) réis, mais de 10% do total da verba — uma fortuna naqueles tempos. Veremos na sequência do trabalho como esse dízimo se tornou uma tradição nas práticas de corrupção.

No dia 17 de maio de 1547, condenado "a pagar à custa de sua fazenda o dinheiro extraviado", ele também foi suspenso por três anos do exercício de cargos públicos. A 17 de dezembro de 1548, no entanto, passados somente um ano e sete meses da sentença, o mesmo Pero Borges foi nomeado, pelo mesmo rei, para o cargo de ouvidor-geral do Brasil. No dia 1° de fevereiro de 1549, zarpou com Tomé de Souza rumo à colônia.

No Brasil, Pero Borges obteve imenso "sucesso". Não apenas ficou no posto pelos três anos de duração do primeiro governo-geral como também acumulou o cargo de provedor-mor da Fazenda (o equivalente a ministro da Fazenda) no governo seguinte, de Duarte da Costa, a partir de 1553. Era a repetição do provérbio: "a raposa cuidando do galinheiro".

A obra era a construção de Salvador que foi iniciada em março de 1549, sendo concluída em 1551. Os objetos de construção eram dois pequenos prédios públicos: o Palácio do Governo e a Casa de Câmara e Cadeia (pitoresca união do sistema legislativo e prisional). O custo, segundo o historiador Eduardo Bueno, da primeira capital brasileira foi superfaturado aproximadamente em 300%. Independente da precisão dessa medição, o simples registro dessas práticas fraudulentas é uma pista importantíssima desse fenômeno da atualidade.

Antônio Cardoso de Barros acabou sendo premiado pelo rei dom João III em dezembro de 1548 quando foi nomeado provedor-mor da Fazenda no Brasil. Chegou a Salvador para ocupar o seu cargo em 1549, onde foi acusado por Tomé de Souza de ter desviado dinheiro da coroa para construir os próprios engenhos de açúcar na Bahia. Devido ao rompimento com o segundo governador-geral, ele partiu para o reino em companhia do primeiro bispo do Brasil dom Pero Fernandes Sardinha, porém o navio que os conduzia naufragou na Paraíba, onde foram devorados pelos índios Caetê.

Do exposto constata-se, portanto, que o uso de obras públicas, para práticas de corrupção, está associado à cultura política brasileira a centenas de anos, logo sua erradicação não é uma tarefa para apenas uma geração, mas sim um longo processo de evolução social. Sob essa perspectiva, é possível ter a paciência necessária para o desenvolvimento de bons trabalhos de combate à corrupção.

A corrupção no âmbito da Administração Pública pode ser dividida em quatro grandes grupos:

a) Atos políticos – podendo ser enquadradas as decisões governamentais que favoreçam uma pessoa ou determinado grupo, um exemplo seria a aprovação da mudança de gabarito para aumentar a área passível de construção em determinado bairro de uma cidade;

b) Arrecadação – ocorre quando o Estado deixa de arrecadar impostos, taxas e emolumentos de pessoas físicas e jurídicas por omissões ou ações criminosas de servidores públicos; e

c) Despesa – ocorre na execução de determinada despesa com o desvio de dinheiro público, caso típico de licitações públicas fraudulentas e contratos indevidamente fiscalizados;

d) Informações – o tráfico de influência e o uso de contatos (servidores públicos e correlatos) permitem que grupos criminosos trabalhem comprando e vendendo informações sobre oportunidades de negócios ou dados cadastrais.

Nos dois primeiros casos, o número de pessoas capaz de promover tais atos de corrupção é relativamente pequeno e pode ser controlado mais facilmente pelas corregedorias internas, autoridades policiais, membros do ministério público e pela justiça. Já o número de servidores que pode efetuar despesas ou influenciar numa compra é extremamente amplo. Esse fato torna a atividade de fiscalização, controle e repressão de fraudes em obras públicas extremamente complexos.

A atuação dos órgãos policiais no combate aos crimes que envolvem corrupção e fraudes governamentais é uma atividade prioritária e imprescindível nas democracias modernas. A atuação independente da Polícia Judiciária é imprescindível para o combate aos desvios de recursos públicos, dentre eles as fraudes em obras públicas, podendo em algumas situações ser anterior ou complementar a ação dos órgãos de controle – TCU e CGU. No sítio eletrônico da famosa polícia norte—americana, *Federal Bureau of Investigation* (FBI[2]), está clara a importância atual do combate à corrupção pública, transcreve-se trecho com tradução livre:

> *"Public corruption is one of the FBI's top investigative priorities—behind only terrorism, espionage, and cyber crimes. Why? Because of its impact on our democracy and national security."*

> *"A corrupção pública é uma das investigações prioritárias do FBI, atrás apenas do terrorismo, espionagem e crimes cibernéticos. Por quê? Por causa de seu impacto sobre a nossa democracia e segurança nacional."*

A simples constatação dos esforços empreendidos pelos Estados Unidos da América, nos dias atuais, para combate às fraudes e corrupção públicas leva a compreensão do longo caminho a ser traçado pelas instituições e sociedade civil brasileiras.

A Constituição Federal de 1988 estabeleceu as atribuições basilares da Polícia Federal, dentre elas a apuração de infrações penais em detrimento de bens, serviços da União, transcreve-se trecho do Art. 144 da CF/88:

> *"§ 1º A polícia federal, instituída por lei como órgão permanente, organizado e mantido pela União e estruturado em carreira, destina-se a:*
> *I - apurar infrações penais contra a ordem política e social ou em detrimento de bens, serviços e interesses da União ou de suas entidades autárquicas e empresas públicas, assim como outras infrações cuja prática tenha repercussão interestadual ou internacional e exija repressão uniforme, segundo se dispuser em lei; [...]*
> *IV - exercer, com exclusividade, as funções de polícia judiciária da União."*

A importância da atuação da Polícia Federal está, dentre outras razões, no alcance de suas atribuições e meios operacionais, que tem uma capacidade probatória potencialmente superior as tradicionais técnicas de

---

[2] Fonte: http://www.fbi.gov/hq/cid/pubcorrupt/pubcorrupt.htm, página acessada no dia 23/09/10.

auditoria. Quando se pensa na apuração de Crime de Cartel[3] não se pode deixar de pensar na questão de segurança nacional. O Estado brasileiro não pode ficar refém de um ou mais grupos quando definir que deve implantar uma determinada obra pública, principalmente em setores estratégicos como energia e transporte. Na defesa dos interesses nacionais também seria de valia a atuação das Polícias Judiciárias.

5.3   Operações Policiais da Polícia Federal no século XXI

Quando os jornalistas, historiadores e cientistas políticos forem descrever o regime político e a sociedade brasileira do início do século XXI encontram, nos registros das operações da Polícia Federal, importantes informações sobre alguns dos fatos mais importantes da nossa História recente. A persecução penal de autoridades e outras personalidades, antes tidas como inalcançáveis, foram fato recorrente no dia-a-dia das unidades da PF em todos os estados da federação.

A investigação de fraudes em obras públicas foi casuística recorrente por diversas ocasiões. Foram trabalhos realizados com muito esforço e abnegação de várias equipes multidisciplinares de policiais federais, em parceria com outros órgãos públicos. A experiência na produção de provas para a materialização ou não de notícias de crimes (*Notitia criminis*) tem crescido de forma exponencial, onde as mais modernas técnicas de investigação se mesclam e complementam, dentre elas a vigilância eletrônica com autorização judicial, informantes, delação premiada, testemunhal e o mais variado tipo de laudos periciais criminais. Dentre as principais operações[4] da Polícia Federal sobre obras públicas e construtoras citam-se:

---

[3] O cartel é crime contra a ordem econômica previsto no art. 4º da Lei n.º 8.137, de 27 de dezembro de 1990. Trata-se da formação de acordo, convênio, ajuste ou aliança entre ofertantes, visando à fixação de preços ou quantidades vendidas ou produzidas, prevista no inciso II, "a" do dispositivo em questão.
[4] Fonte: http://www.dpf.gov.br/, página acessada no dia 23/09/10.

5.3.1 Caso Sudam e Sudene

Um escândalo político no ano de 2001 deflagrou uma série de investigações, principalmente, sobre financiamentos de projetos pela Superintendência do Desenvolvimento da Amazônia (Sudam) . Os financiamentos ligados a essas superintendências tinham como objetivo diminuir as desigualdades sociais entre as regiões do país. Mas acabaram virando terreno fértil para uma diversificada e sofisticada rede de fraudes. Auditoria na autarquia em 2001, constatou o desvio de R$ 1,7 bilhão do órgão. Centenas de laudos periciais, de várias especialidades, foram elaborados no intuito de verificar a devida aplicação dos recursos públicos. As duas autarquias foram extintas à época e atualmente se encontram em processo de reativação o que só será possível com uma radical mudança na sua estrutura administrativa e de seus mecanismos internos de controle. O risco da ocorrência das fraudes do passado é real e só pode ser minimizado com muita transparência e fiscalização. Esse caso foi a primeira investigação a se utilizar da produção em massa de laudos periciais[5] com base na disciplina da engenharia de custos. Foi base fundamental para o desenvolvimento da atual doutrina da Criminalística da Polícia Federal.

5.3.2 Operação Praga do Egito (conhecida como Operação Gafanhoto)

Ex-governador do estado de Roraima foi preso pela Polícia Federal, no dia 26 de novembro de 2003, em Brasília. A prisão do ex-governador fez parte da operação denominada "Praga no Egito", deflagrada em quatro estados do país e que prendeu 53 pessoas. A operação, fruto de mais de três meses de investigação da Polícia Federal, teve como objetivo a prisão de pessoas que promoviam desvio de dinheiro público no estado. Essa operação foi a primeira em que técnicos da CGU e Peritos Criminais Federais atuaram em conjunto na análise de licitações e obras de engenharia.

---

[5] Fonte: http://www.apcf.com.br/, página acessada em 23/09/10.

5.3.3 Operação Confraria

No dia 21 de julho de 2005, a PF, com o apoio da Controladoria-Geral da União (CGU) e do Ministério Público Federal (MPF), iniciou a Operação Confraria para desarticular uma organização criminosa que atuava na Paraíba, Pernambuco, Ceará e Piauí. Seis pessoas foram presas. Em termos operacionais, essa operação se destacou pelo uso de força-tarefa de várias pequenas equipes de Peritos Criminais Federais para a execução em série e paralelo de diversos exames de campo (local de crime) em obras de infraestrutura urbana na cidade de João Pessoa, capital do estado da Paraíba.

5.3.4 Operação Dominó[6]

Deflagrada pela PF, em 4 de agosto de 2006, visou desbaratar o desvio de recursos públicos na assembléia legislativa do estado de Rondônia, com ramificações sobre o poder judiciário, o ministério público, o tribunal de contas e o poder executivo do estado.

Cerca de 30 pessoas suspeitas de envolvimento foram presas. Segundo a PF o grupo já havia desviado pelo menos 70 milhões de reais por meio de contratos fraudulentos que partiam da Assembléia Legislativa. Os recursos públicos eram desviados para pagamentos de serviços, compras, obras superfaturadas e em alguns casos, objetos de contratos nem eram entregues e serviços não eram feitos.

Essa e outras operações da PF demonstraram que práticas do Brasil colônia ainda persistem fortemente em várias comunidades brasileiras. A hipótese de intervenção federal foi cogitada à época.

5.3.5 Operação Navalha

A Polícia Federal deflagrou, no dia 17 de maio de 2007, a Operação Navalha. O objetivo da ação policial foi desarticular uma organização criminosa que atuava desviando recursos públicos federais.

---

[6] Fonte: http://pt.wikipedia.org/wiki/Opera%C3%A7%C3%A3o_Domin%C3%B3, página acessada em 25/09/10.

Cerca de 400 policiais federais foram mobilizados nos Estados de Alagoas, Bahia, Goiás, Mato Grosso, Sergipe, Pernambuco, Piauí, Maranhão, São Paulo e no Distrito Federal para cumprir cerca de 40 mandados de prisão preventiva e 84 mandados de busca e apreensão, todos decretados pela ministra Eliana Calmon do Superior Tribunal de Justiça.

5.3.6 Operação Castelo de Areia

A Polícia Federal realizou, dia 25 de março de 2009, em São Paulo e Rio de Janeiro, a Operação Castelo de Areia contra crimes financeiros e lavagem de dinheiro. A operação visa desarticular quadrilha inserida em uma grande construtora nacional, razão do nome escolhido. O Superior Tribunal de Justiça [7] suspendeu liminarmente os efeitos da operação, sob o fundamento de que foi iniciada por denúncia anônima, o que não teria valor jurídico.

O Ministério Público Federal anunciou que pretende recorrer da decisão, alegando que muitas operações iniciam por meio de tais denúncias e que sua paralisação desestimularia a população a denunciar irregularidades. O destaque dessa operação foi a quantidade de documentos apreendidos na busca e apreensão autorizada judicialmente.

5.3.7 Operação Caixa-Preta

Na maior de todas as operações envolvendo investigações de contratos de obras públicas a Polícia Federal apontou superfaturamento de R$ 991,8 milhões nas obras de dez aeroportos administrados pela Empresa Brasileira de Infraestrutura Aeroportuária (Infraero) - Corumbá, Congonhas, Guarulhos, Brasília, Goiânia, Cuiabá, Macapá, Uberlândia, Vitória e Santos Dumont. A maioria das obras foram contratadas durante o período entre os anos de 2003 e 2006. Culminou no indiciamento de aproximadamente 50 pessoas no final de 2009.

---

[7]Fonte: http://pt.wikipedia.org/wiki/Opera%C3%A7%C3%A3o_Castelo_de_Areia, página acessada no dia 23/09/2010.

Cada operação policial gera conhecimento e a possibilidade de capacitar equipes policiais na complexa tarefa de se investigar as fraudes em licitações e contratos e seus crimes derivados. Muito se fez nessa primeira década do século XXI, mas ainda é necessário o aperfeiçoamento e ampliação dessas atividades no âmbito da Polícia Federal e da Criminalística brasileira com a criação de estruturas administrativas específicas para investigar a malversação de recursos públicos.

5.3.8 *As Perícias de Engenharia Civil na Polícia Federal*

As Perícias de Engenharia Civil na Polícia Federal envolvem obras da construção civil e são oriundas, na maioria dos casos, de crimes financeiros, caracterizados pelo mau emprego de verbas federais, mais comumente denominados desvio de verba e superfaturamento.

O primeiro caso tem por base o tipo penal - Desvio de verba: Art. 315 do Código Penal Brasileiro (CPB) – "Dar às verbas ou rendas públicas aplicação diversa da estabelecida em Lei". Em tese, é uma análise mais simples, pois envolve a percepção do desvio de finalidade, onde usualmente as autoridades judiciais dispensam a elaboração de complexas e trabalhosas perícias.

Esses crimes ocorrem, geralmente, da seguinte forma: o requerente (órgãos e prefeituras) solicita à União, por intermédio dos Ministérios competentes, verba para execução de uma determinada obra (mesmo que haja contrapartida por parte do requerente). Com a autorização do repasse dessa verba é firmado um Convênio entre o órgão requerente e a União (nos casos de órgãos federais com recursos próprios, o Convênio não é necessário). É realizada, então, uma licitação para contratação do executor da obra. O ilícito ocorre se a obra não for executada, conforme previsto nos documentos integrantes do processo (Convênio, Licitação, Contrato de Execução, Plano de Trabalho, etc.), desviando-se do seu objetivo – de sua finalidade.

Já nos casos de suspeita de superfaturamento de contratos, o Perito engenheiro tem que estimar o "quantum" desviado de obras ou serviços de engenharia. São fraudes de natureza mais complexa, que ensejam exames mais trabalhosos. Com base na experiência de anos de investigação desse tipo de crimes, foram elaboradas normas técnicas internas da Polícia Federal, para proceder à perícia das fraudes em obras públicas:

a) Instrução Técnica (IT) 002- Ditec, de 10 de março de 2010 - Dispõe sobre a padronização de procedimentos e exames para análise de desvios de recursos públicos em obras no âmbito da perícia de Engenharia Legal (Engenharia Civil) e

b) Orientação Técnica (OT), 001- Ditec, de 10 de março de 2010 - Dispõe sobre a padronização de procedimentos e exames para análise de desvios de recursos públicos em obras no âmbito da perícia de Engenharia Legal (Engenharia Civil).

Esses atos normativos internos têm por base o manual de cálculo de superfaturamento, desenvolvido pela equipe do Serviço de Perícias de Engenharia (Sepema), do Instituto Nacional de Criminalística (INC), da Polícia Federal, sob coordenação do presente autor. A pesquisa e estudo desenvolvidos nesse manual são a base da confecção da presente obra, que atualiza conceitos e amplia os seus exemplos dos diversos tipos de superfaturamento e outros danos (ao erário, ao patrimônio da União e a terceiros) com base nos mais recentes trabalhos de perícia de engenharia de custo.

A citada orientação técnica adotada na polícia federal optou por simplificar, com fins didáticos, as formas de danos ao erário, basicamente restringindo-as aos tipos de superfaturamento identificados.

6 CONCEITOS

6.1 Corrupção

O superfaturamento de contratos administrativos e outros danos ao erário são frutos, em muitos casos, de práticas de corrupção; essas de espectro muito mais amplo e de complexo entendimento, voltadas ao estudo psicológico e sociológico do ser humano. A Organização das Nações Unidas (ONU) descreve o fenômeno da corrupção da seguinte maneira:

> *"A corrupção é um complexo fenômeno social, político e econômico que afeta todos os países do mundo. Em diferentes contextos, a corrupção prejudica as instituições democráticas, freia o desenvolvimento econômico e contribui para a instabilidade política. A corrupção corrói as bases das instituições democráticas, distorcendo processos eleitorais, minando o Estado de Direito e deslegitimando a burocracia. Isso causa o afastamento de investidores e desestimula a criação e o desenvolvimento de empresas no país, que não conseguem arcar com os "custos" da corrupção.*
> *O conceito de corrupção é amplo, incluindo as práticas de suborno e de propina, a fraude, a apropriação indébita ou qualquer outro desvio de recursos por parte de um funcionário público. Além disso, pode envolver casos de nepotismo, extorsão, tráfico de influência, utilização de informação privilegiada para fins pessoais e a compra e venda de sentenças judiciais, entre diversas outras práticas."*

Essa percepção leva os envolvidos no seu estudo à compreensão da necessidade de seu combate e mitigação constantes, pois a corrupção está atrelada à natureza humana e não pode ser eliminada, deve ser controlada por "freios" sociais.

O controle é exercício desde a educação básica, no seio da família e da escola, mas atinge as esferas policiais e judiciais em casos extremos. E dessas esferas é que se produz grande parte do conhecimento sobre a corrupção, o que torna desafiante lidar com esse problema nas investigações criminais.

6.2 Danos em obras públicas

As fraudes relativas às práticas de superfaturamento, em regra, são limitadas ao valor total do contrato com a Administração e somente em casos de pagamentos de faturas (medições contratuais) em duplicidade o superfaturamento pode exceder indevidamente o valor contratual. Porém, existem outros tipos de prejuízos ao erário, que podem extrapolar o valor contratual e não estão diretamente associados e limitados às informações constantes nos documentos de cobrança (faturas), além de outros tipos de danos. Esses tipos de danos estão relacionados a outros aspectos econômicos de análise mais ampla, que podem necessitar exames periciais pelo método da renda ou mesmo de análises de impacto sócio-econômico local ou regional, dentre esses outros tipos de danos, podem ser citados os seguintes:

a) Danos associados a atrasos

    i. Custo de locação do imóvel por atraso injustificado – Atrasos muito longos para a entrega da obra contratada, em regra, devido a problemas na execução contratual, podem levar a prejuízos maiores que as multas contratuais previstas, devido ao atraso na ocupação do imóvel.

    ii. Atraso no ganho associado à produção – Em atrasos na entrega de plataformas de petróleo, na execução de terminais de passageiros em aeroportos, as perdas por falta de atividade empresarial podem extrapolar o próprio valor contratual ou a parcela de superfaturamento apurada.

    iii. Perda de produtividade local ou regional – Alguns tipos de obra, principalmente de infra-estrutura pesada, oferecem ganhos de produtividade a uma gama de atividades econômicas na localidade e/ou na região que deveriam estar implantados.

b) Danos materiais a terceiros – Acidentes na execução ou na fase de pós-execução da obra, também podem representar prejuízos à Administração não associados diretamente ao valor contratual da obra.

c) Danos imateriais – As fraudes financeiras, nos contratos de obras públicas, podem causar danos à imagem de órgãos e empresas públicas, ainda que temporariamente, influenciando na confiança dos consumidores, e, consequentemente, a sua capacidade empresarial.

d) Danos ambientais – Uma obra mal projetada e/ou mal implantada pode causar danos ambientais altíssimos.

e) Danos sociais a saúde pública – A falta de obras públicas de saneamento de esgoto sanitário, dentre outras, pode afetar a saúde da comunidade, desprovida desse serviço público, as atividades econômicas correlatas (turismo, licenças médicas, etc.) e sobrecarregar o sistema de saúde.

Essas e outras formas de prejuízo, ilustradas na figura 1, são mais amplas e menos estudadas que as práticas de superfaturamento apresentadas no presente trabalho; representam um desafio à Criminalística da Polícia Federal brasileira para a definição dos mais efetivos métodos de cálculo.

Figura 1 - Universo de Possíveis Tipos de Danos em Obras Públicas

6.3   Engenharia de Custos

As investigações de fraudes em contratos de obras públicas se utilizam de técnicas da engenharia de custo. O sítio eletrônico da Wikipédia, versão em idioma inglês, oferece uma definição bem comentada sobre o tema, transcrevem-se os principais trechos com tradução livre:

> *"A engenharia de custos é uma área da engenharia relacionada com a aplicação de técnicas e princípios científicos para os problemas de estimativa de custos, controle de custos, planejamento de negócios e ciência da administração, análise de rentabilidade, gestão de projetos, planejamento e programação."*
>
> *"Segundo a Associação Americana de Engenheiros de Custos, engenharia de custos é definida como a área da engenharia onde o entendimento e a experiência do engenheiro são utilizados na aplicação de técnicas e princípios científicos para o problema de estimativa de custos, controle de custos e rentabilidade."*
>
> *"Os principais objetivos da engenharia de custos são as estimativas precisas de custo e evitar a extrapolação dos gastos em relação às estimativas de custo. O vasto conjunto de tópicos de engenharia de custos representam a interseção das áreas de gerenciamento de projetos, gestão de negócios e engenharia. A maioria das pessoas tem uma visão limitada do que a engenharia engloba. A percepção mais óbvia é que a engenharia aborda questões técnicas, tais como o projeto físico de uma estrutura ou sistema. No entanto, além da manifestação física de um projeto de uma estrutura ou sistema (por exemplo, um edifício), existem outras dimensões a considerar como o dinheiro, tempo e outros recursos que foram investidos na criação do edifício. Engenheiros de custos referem-se a esses investimentos coletivamente como "custos".*
> *Engenharia de custos, pode ser considerada um complemento das engenharias tradicionais. Ela reconhece e enfoca as relações entre as dimensões físicas e custo de tudo o que é projeto pela engenharia."*
>
> *"Engenharia de custos é mais frequentemente ensinada nas universidades como parte de engenharia de construção, gestão de engenharia, e respectivos currículos, pois é na maioria das vezes praticada em engenharia e projetos de investimento de construção. Engenharia econômica é uma habilidade fundamental e área de conhecimento da engenharia de custos."*

6.4 Custo de reprodução

Para se comprovar a ocorrência de superfaturamento é preciso avaliar o custo de se construir a edificação investigada como se ela fosse nova, na data-base do contrato. Essas análises geralmente exigem que se estude as condições construtivas e de mercado de anos anteriores (análises pretéritas). Uma série de considerações deve ser feita para a melhor aproximação da realidade, com base nas regras legais e contratuais. A criminalística da Polícia Federal nomeou esse conjunto de procedimentos de método do custo de reprodução ajustado às condições contratuais, nos termos da definição constante do Art. 2º da Instrução Técnica nº 2 - Ditec:

> *"Custo de reprodução adotado – custo de reprodução (custo necessário para reproduzir um bem, sem considerar eventual depreciação) onde são levadas em consideração as condições contratuais, tais como desconto oferecido, e ajustes técnico-periciais adotados."*

No método do custo de reprodução não se admite:

a) Incompetência – não são computados os custos de serviços executados, em tese, com produtividade dos trabalhadores abaixo das referências estatístico-empíricos;

b) Ineficácia – não são computados gastos desnecessários à confecção do objeto ou finalidade, como consumos exagerados e/ou inócuos de materiais;

c) Imperícia – não são computados os custos com repetição do mesmo trabalho, ou decorrentes de acidentes nas obras;

d) Corrupção – não são computados os custos com o pagamento de propinas e outras vantagens ilegais como caixa 2 de campanhas políticas.

e) Perdas por ingerência ou corrupção interna – não são computados custos de má gestão interna das construtoras, não é raro funcionários fraudarem as despesas na execução da obra e repassarem esses custos para o empreendimento. A amortização dessas perdas por parte do construtor não pode ser repassada para a Administração Pública.

6.5 Orçamento de uma obra pública

Os exames periciais tem por princípio a comparação entre um vestígio questionado e um padrão conhecido do vestígio. No caso, um dos vestígios questionados é o orçamento de determinada obra pública, oriunda de um processo licitatório ou de outra forma de contratação, que está sob a suspeita de superfaturamento. Na fase inicial do contrato, já é possível identificar a ocorrência de um dos tipos de superfaturamento mais comuns, que é o ocasionado pelo sobrepreço original, além de outros tipos de fraudes.

O orçamento é composto, geralmente, de quatro grandes conjuntos de documentos:

a) planilha de quantidades de serviços – definidas com base nos projetos da obra;

b) composições de custo unitário de serviço – definidas com base em experiências anteriores ou cotações de mercado atualizadas;

c) tabela de cálculo da taxa de despesas indiretas e bonificações (lucro bruto) – BDI – definidas com base em experiências anteriores; e

d) cronograma físico-financeiro – definido em função das características da obra e da capacidade financeira da Administração.

Ao se elaborar o orçamento de uma obra pública é necessário conhecer, além dos projetos de arquitetura e engenharia, o fluxo de caixa disponível (dotação orçamentária) e as condições ambientais conhecidas. Com essas informações é possível estabelecer um adequado planejamento, procedendo a uma estimativa do seu prazo e dos desembolsos mensais.

De posse de todas essas informações é possível estimar a tecnologia que será usada na sua execução, escolhendo e customizando adequadamente as composições de custos unitários dos serviços, efetuando cotações de preços reais, ajustando os preços ao efeito de economia de escala, estimando o BDI em função da localidade e porte da obra e assim orçar adequadamente a construção. Percebe-se, que é uma tarefa complexa, às vezes, negligenciada pela Administração.

No âmbito da justiça criminal, a tipificação do superfaturamento ainda não tem vasta jurisprudência, é usualmente associada a alguns tipos penais, em especial às condutas previstas no art. 96 da Lei n ° 8.666/93.

Apesar de ser uma prática da cultura política brasileira, a identificação dessas fraudes começou a ser sistematicamente, por meio do **SISTEMA DE FISCALIZAÇÃO DE OBRAS PÚBLICAS (Fiscobras)**, observada pelo Tribunal de Contas da União (TCU), apenas a partir do escândalo da obra do Tribunal Regional do Trabalho de São Paulo (TRT/SP), que teve grande repercussão pela imprensa. Nessa obra, diversas irregularidades foram apontadas como: a suposta liberação de US$ 22 milhões já cinco meses antes do início das obras, a suspeita de superfaturamento de preços e um estimado desvio calculado à época em cerca de R$ 169 milhões. O ápice do escândalo ocorreu no ano de 1998, com a ação do Ministério Público Federal. Naquela época, a Polícia Federal não dispunha de uma unidade específica para investigação desse tipo de fraude. Uma famosa equipe, de profissionais do TCU, CEF e MPF, atuou na estimativa do montante financeiro da fraude utilizando, dentre outros recursos, o Sinapi, inaugurando uma nova era no combate a fraudes em obras públicas.

O Instituto Nacional de Criminalística (INC), da Polícia Federal, não contava, em seu início, com uma forma organizada de fornecer apoio e consultoria nessas áreas aos setores de Criminalística dos Estados. Para que isso ocorresse, houve uma mobilização dos profissionais que atuavam nessas áreas que contaram com o apoio e anuência da direção dessa instituição, para criar um serviço específico. O Serviço de Perícias de Engenharia foi então criado com o nome de Seção de Engenharia Legal e Meio Ambiente (Selma), atual Sepema, no intuito de reunir os profissionais que realizavam perícias nessas áreas e não possuíam um setor específico que fornecesse o suporte técnico e logístico ideal para o desenvolvimento dos trabalhos, apresentando como principais justificativas:

a) Concentração dos profissionais de áreas afins num mesmo ambiente, proporcionando a integração do conhecimento e facilitando os procedimentos técnicos e administrativos pertinentes à seção;

b) Aproveitamento de pessoal, compondo equipes multidisciplinares;

c) Racionalização na utilização de equipamentos específicos, comuns para as áreas de Engenharia e Meio ambiente;

d) Melhor aproveitamento de espaço físico do Instituto Nacional de Criminalística - INC;

e) Melhor gerenciamento das áreas, facilitando a busca por condições ideais de trabalho; aquisição de materiais e equipamentos; aporte de recursos e pessoal;

f) Possibilidade de montagem de acervo comum de documentos técnicos e legais, além de, bibliografia, que atenda às necessidades das áreas que compõem a seção.

g) Com essas justificativas foi possível conscientizar as autoridades superiores e sensibilizá-las sobre a necessidade do serviço, que foi constituído oficialmente em 4 de setembro de 2003.

A criação do Serviço de Perícias de Engenharia da Polícia Federal foi estimulada em parte pela ocorrência de outro grande escândalo de corrupção brasileiro, que foi o caso da Superintendência de Desenvolvimento da Amazônia (Sudam) e o da Superintendência de Desenvolvimento do Nordeste (SUDENE), em que diversos empreendimentos foram financiados pelo Governo Federal, muitos deles nunca tendo entrado, sequer, em funcionamento, conforme comprovado por dezenas de laudos periciais criminais, que dentre outras consequências culminou na extinção dos referidos órgãos pelo então Presidente da República Fernando Henrique Cardoso

A criação de uma unidade específica, para investigação de fraudes em obras públicas, propiciou o rápido avanço desses trabalhos de perícia criminal com enfoque em engenharia legal no âmbito da Polícia Federal.

6.6   Conceito de Superfaturamento

A Lei nº 8.666/93, que rege as licitações e contratos administrativos, apresenta uma lógica e sequência de procedimentos e tem como um dos pressupostos: ao se proceder ao formalismo nela preconizado, haveria a concorrência entre os interessados e com isso a Administração obteria a melhor proposta. O fenômeno do superfaturamento dos contratos não foi profundamente detalhado no texto da referida Lei. O legislador demonstrou especial preocupação com a ocorrência de superfaturamento para o caso de dispensa do processo licitatório, transcreve-se trecho [grifo nosso]:

> *"Art. 25. É inexigível a licitação quando houver inviabilidade de competição, em especial:*
> *I - para aquisição de materiais, equipamentos, ou gêneros que só possam ser fornecidos por produtor, empresa ou representante comercial exclusivo, vedada a preferência de marca, devendo a comprovação de exclusividade ser feita através de atestado fornecido pelo órgão de registro do comércio do local em que se realizaria a licitação, ou a obra, ou o serviço, pelo Sindicato, Federação, ou Confederação Patronal, ou, ainda, pelas entidades equivalentes;*
> *II - para a contratação de serviços técnicos enumerados no art. 13 desta Lei, de natureza singular, com profissionais ou empresas de notória especialização, vedada a inexigibilidade para serviços de publicidade e divulgação;*

III - para contratação de profissional de qualquer setor artístico, diretamente, ou através de empresário exclusivo, desde que consagrado pela crítica especializada, ou pela opinião pública.

§ 1º Considera-se de notória especialização o profissional, ou empresa cujo conceito no campo de sua especialidade, decorrente de desempenho anterior, estudos, experiências, publicações, organização, aparelhamento, equipe técnica, ou de outros requisitos relacionados com suas atividades, permita inferir que o seu trabalho é essencial e indiscutivelmente o mais adequado à plena satisfação do objeto do contrato.

*§ 2º Na hipótese deste artigo e em qualquer dos casos de dispensa, **se comprovado superfaturamento**, respondem solidariamente pelo dano causado à Fazenda Pública o fornecedor ou o prestador de serviços e o agente público responsável, sem prejuízo de outras sanções legais cabíveis."*

Os anos de aplicação da Lei nº 8.666/93 demonstraram que o formalismo ali preconizado não foi suficiente para evitar incontáveis casos de fraudes em licitações e contratos. Isso ensejou pesado esforço do TCU em orientar e determinar procedimentos com fito de impedir ou pelo menos minimizar os efeitos dessas nocivas práticas.

Toda essa dinâmica levou a expansão do conceito de superfaturamento. Por meio da análise de uma contratação das mais simples se demonstra o alcance do método proposto. O exemplo hipotético seria a licitação e contratação de um projeto-padrão do Sinapi, no caso a planilha hipotética seria composta de um só item, no caso uma casa popular térrea, a ser paga de uma só vez, após a sua conclusão. Nesse caso a análise parte do confronto dos valores cobrados/pagos e o custo de reprodução adotado estimado pelo perito, que dependendo da sua significância poderão caracterizar prática de superfaturamento.

Equação 1 – Cálculo do superfaturamento pelo confronto simples entre os valores medidos ou pagos e o custo de reprodução adotado

$$SF = T_M - CRa$$

Onde:

SF Superfaturamento total

CRa Custo de reprodução adotado da obra executada (somatório dos valores devidos)

T_M Preço total dos serviços medidos ou pagos

A formulação mais simples para o cálculo do CRa é o produto das quantidades pelo seu preço unitário. Continuando nesse processo de detalhamento pode-se verificar que o Preço total dos serviços medidos ou pagos é formado pelo produto das quantidades medidas (geralmente cobradas na última fatura) e os preços pagos na última medição. Aplicando essa expansão chega-se a seguinte fórmula.

Equação 2 - Cálculo do superfaturamento pela diferença do produto dos preços e quantidades medidas e dos preços e quantidades periciadas

$$SF = (P_M \times Q_M) - (P_P \times Q_P)$$

Onde:

Q_M Quantidade de serviços medidos ou pagos

P_M Preço unitário dos serviços medidos ou pagos

P_P Preço unitário de referência (Perícia)

Q_P Quantidade da perícia (ênfase no exame de local)

A partir da formulação apresentada, o primeiro procedimento é isolar o efeito da variação dos preços, para isso os preços são igualados de forma a apresentar o superfaturamento somente por falta de quantidades. Em seguida, é dado esse mesmo tratamento à variação dos preços para uma quantidade de referência de forma a apresentar o superfaturamento por sobrepreço final. Esses tipos de superfaturamento e os seus derivados são tratados em capítulos específicos.

$$SF_Q = \sum \left[\left(Q_M - Q_P \right) \cdot P_M \right] \quad \text{e} \quad SF_{PT} = \sum \left[\left(P_M - P_P \right) \cdot Q_P \right]$$

O presente trabalho propõe para fins didáticos que os danos ao erário associados ao Superfaturamento de obras públicas sejam caracterizados:

a) pela medição de quantidades superiores às efetivamente executadas/fornecidas;

b) pela deficiência na execução de obras e serviços de engenharia que resulte em diminuição da qualidade, vida útil ou segurança;

c) pelo pagamento de obras, bens e serviços por preços manifestamente superiores à tendência praticada pelo mercado ou incompatíveis com os fixados pelos órgãos oficiais competentes, bem como pela prática de preços unitários acima dessa tendência de mercado;

d) pela quebra do equilíbrio econômico-financeiro inicial do contrato em desfavor da Administração por meio da alteração de quantitativos e/ou preços ("jogo de planilha") durante a execução da obra;

e) pela alteração de cláusulas financeiras gerando recebimentos contratuais antecipados, distorção do cronograma físico-financeiro, prorrogação injustificada do prazo contratual ou reajustamentos irregulares.

O superdimensionamento de obras e serviços também pode ser considerado como uma forma de superfaturamento, todavia, é tratado a parte no presente trabalho por não ter sido suficientemente estudado e testado como os demais tipos aqui apresentados – assunto a ser tratado em capítulo específico.

Através da definição aqui apresentada, pretende-se ampliar o conceito comum de que superfaturamento seria apenas a cobrança de preços excessivos. Esse novo entendimento exposto no presente trabalho, voltado à área de obras e serviços de engenharia, é de que o fenômeno do superfaturamento é um conjunto de práticas ilegais que tornam, injustamente, mais onerosa a proposta ou a execução do contrato para a Administração, conforme prevê o inciso V do Art. 96 da Lei nº 8.666/93, trecho transcrito a seguir:

> "Art. 96. Fraudar, em prejuízo da Fazenda Pública, licitação instaurada para aquisição, ou venda de bens, ou mercadorias, ou contrato dela decorrente:
> I - elevando arbitrariamente os preços;
> II - vendendo, como verdadeira ou perfeita, mercadoria falsificada ou deteriorada;
> III - entregando uma mercadoria por outra;

IV - alterando substância, qualidade ou quantidade da mercadoria fornecida;
V - tornando, por qualquer modo, injustamente, mais onerosa a proposta ou a execução do contrato:
Pena - detenção, de 3 (três) a 6 (seis) anos, e multa. " *"Negrito nosso"*

De fato, a legislação brasileira ainda carece de uma melhor legislação ou normatização para estabelecer, com maior clareza, os termos, conceitos e limites para uma boa gestão da despesa pública. Na tentativa de preencher essa lacuna existem projetos de lei no Congresso Nacional que buscam regulamentar melhor esse tema. Iniciativa que merece destaque é o Projeto de Lei nº 6.735/06, da Câmara dos Deputados Federais, de autoria do ex-Deputado Federal Carlos Mota, o qual trata da tipificação do crime de malversação de recursos públicos e visa combater exatamente práticas de superfaturamento em nosso país. Essa proposta foi baseada em anteprojeto de lei, elaborado na época que o autor participava da gestão da Associação Nacional dos Peritos Criminais Federais (APCF), onde teve o encargo da pesquisa e a ideia original.

Pretende-se, com esse trabalho, sugerir a utilização critérios técnicos, que respeitem a legislação vigente e ao mesmo tempo não causem prejuízos à Administração ou a seus contratados, com o intuito de aperfeiçoar os mecanismos hoje existentes de combate à corrupção nas obras da Administração Pública. Nessa linha de pensamento, o superfaturamento seria a conduta, por parte do contratado e/ou gestor, de cobrar, receber ou pagar uma vantagem indevida. A busca desse equilíbrio entre a execução contratual e a obediência aos preceitos legais se mostra muitas vezes difícil, principalmente em casos de alterações de contrato através da celebração de termos aditivos.

Em alguns casos, as análises poderão ser feitas sem a realização de exame de local, principalmente nas situações onde houver a necessidade de se manter o sigilo das investigações ou quando, por questões operacionais, o exame de local imediato se mostrar inviável. Nos casos em que se opte por realizar as análises em duas etapas, é recomendável que pelo menos um dos peritos criminais federais que fizer as primeiras análises efetue também os exames de local e, consequentemente, elabore ambos os Laudos Periciais Criminais.

A identificação do superfaturamento é realizada através de procedimentos de análise físico-financeira, os quais serão demonstrados nesse trabalho, porém, é importante ressaltar que, **a quantificação do montante de recursos financeiros representativos do superfaturamento é independente da análise de culpa ou dolo**. Logo, a determinação das intenções das pessoas investigadas não interessa para o uso do método, ou seja, condutas deliberadas ou por incompetência poderão ocasionar os mesmos valores finais. É certo que o laudo pericial pode fornecer fortes indícios das intenções dos Agentes públicos e privados, pois determinados tipos de erros são tão gritantes que representam evidências aos operadores do Direito das reais intenções fraudulentas dos envolvidos.

Além disso, esclarece-se que a presente metodologia considera a possibilidade de subfaturamento por excesso de quantidades ou boa qualidade. Tal fato ocorre pela execução de quantitativos maiores que os medidos e formalmente previstos contratualmente ou de materiais de qualidade superior aos especificados. Isso decorreria da ausência de termos aditivos ou mesmo de trocas extracontratuais de serviços. Essa parcela deve ser avaliada e descrita no laudo pericial, em separado, pois ao "tirar uma fotografia" do local de crime o perito deve oferecer o máximo de elementos possíveis aos operadores do Direito, de forma a possibilitar uma análise jurídica sobre a possibilidade ou não de se considerar essa parcela de subfaturamento no abatimento de eventual parcela de sobrepreço original ou "jogo de planilha" numa análise global. Novamente ressalta-se que essa parcela de subfaturamento de ser registrada a parte, devido à ausência do seu devido termo aditivo contratual. E ainda, sempre se deve considerar as implicações técnicas que essas mudanças podem causar no objeto contratado, como por exemplo, a sua inexecução (obra inacabada) pela inclusão de itens muito dispendiosos e ainda se elas foram executadas no estrito propósito de garantir a funcionalidade da obra contratada sem extrapolar os limites da razoabilidade.

6.7 Outros Conceitos

Apresentam-se, com objetivo de facilitar o entendimento do presente método, os seguintes conceitos, extraídos da Orientação Técnica nº 001-DITEC, de 10 de março de 2010, com ajustes a seguir:

BDI – Bonificação e Despesas Indiretas. A bonificação, benefício ou lucro corresponde à remuneração do empreendimento associada ao risco da sua realização. As despesas indiretas são aquelas que não podem ser atribuídas diretamente aos insumos aplicados, mas são necessárias e consequentes de sua aplicação, portanto são parte do custo real das obras. Os componentes das despesas indiretas podem ser geralmente agrupados em despesas ou encargos:

i) administrativos locais (quando não incluídos na planilha de custos diretos) e centrais;

ii) comerciais;

iii) financeiros; e

iv) fiscais.

O BDI se constitui do somatório dos itens elencados acima, expresso em percentual do custo direto, formando o preço de venda ou comercialização das obras;

Custo de reprodução – custo necessário para reproduzir um bem, em determinada data e local, sem considerar eventual depreciação;

Efeito escala – redução ou incremento a ser aplicado sobre os preços de referência, em decorrência do porte da obra (quantitativo dos serviços);

Ponto de equilíbrio econômico-financeiro – percentual, positivo ou negativo, calculado pela razão entre o sobrepreço/subpreço global inicial e o valor de referência do contrato. Quando negativo é também chamado de desconto original;

Preço – quantia monetária pela qual se efetua, ou se propõe efetuar, uma transação envolvendo um bem ou serviço, para uma determinada época e região;

Preço coletado[8] – preço médio praticado pelo mercado, coletado de fontes consideradas fidedignas (por exemplo, Sinapi e Sicro);

Preço contratado – preço pactuado entre as partes;

Preço de referência – preço para confronto com o preço questionado, calculado pela perícia a partir do preço coletado;

Preço medido – preço pactuado entre as partes, após a eventual celebração de termos aditivos, constante em uma determinada medição (preferencialmente a última) apresentado pela empresa contratada devido à execução total ou parcial do contrato;

Preço pago – preço recebido pela empresa devido à execução total ou parcial do contrato;

Preço questionado – preço em discussão;

Preço real – preço real pago por serviço, ou insumo utilizado na obra investigada, ou em obra paradigma, obtido junto ao mesmo fornecedor, ou subcontratado, através de contratos, notas fiscais ou outros documentos selecionados durante a investigação;

Sepema – Serviço de Perícias de Engenharia e Meio Ambiente;

Serviço extracontratual – serviço constatado na vistoria, não integrante do contrato original e/ou de seus termos aditivos, que não tenha sido medido ou pago durante a execução da obra, ou seja, não formalizado;

Serviço novo – serviço não integrante do contrato original que tenha sido medido ou pago durante a execução;

---

[8] Existe distinção entrer o preço coletado baseado na média dos preços praticados (vendas) com o preço coletado baseado na média de cotações (ofertas).

Sistema de Custos Rodoviários, mantido pelo Departamento Nacional de Infra-Estrutura de Transportes (DNIT);

SINAPI – Sistema Nacional de Pesquisa de Custos e Índices da Construção Civil, mantido pela Caixa Econômica Federal (CEF);

Sobrepreço global inicial – valor positivo resultante do somatório da multiplicação das quantidades contratuais pelas respectivas diferenças entre os preços contratados e os preços de referência. Também denominado de sobrepreço original;

Sobrepreço global final – valor positivo resultante do somatório da multiplicação das quantidades medidas pelas respectivas diferenças entre os preços medidos e os preços de referência de mercado;

Sobrepreço por serviço – valor positivo resultante da diferença entre o preço contratado ou medido e o preço utilizado como referência de mercado para determinado serviço;

Subpreço global inicial – valor negativo resultante do somatório da multiplicação das quantidades contratuais pelas respectivas diferenças entre os preços contratados e os preços de referência. Também denominado de subpreço original;

Subpreço global final – valor negativo resultante do somatório da multiplicação das quantidades medidas pelas respectivas diferenças entre os preços medidos e os preços de referência de mercado;

Subpreço por serviço – valor negativo resultante da diferença entre o preço contratado ou medido e o preço utilizado como referência de mercado para determinado serviço;

Superdimensionamento/Subdimensionamento – previsão de quantidades e/ou qualidade de materiais ou serviços além/aquém das necessárias, segundo práticas e normas de engenharia vigentes à época do projeto;

Valor de referência do contrato – valor obtido considerando-se as quantidades do contrato e os respectivos preços unitários de referência; e

Vistoria – exame de local realizado de modo a se conhecer, da melhor forma possível, o objeto questionado.

7 PREMISSAS

7.1 Fundamentos Legais e Técnicos

Na ocorrência de qualquer infração penal que tenha deixado vestígios é imprescindível a realização de perícias (art.158 do Código de Processo Penal Brasileiro [CPPB]). No caso de obras públicas os vestígios estão divididos em dois grandes grupos: documentos e a construção física da obra contratada. O trabalho do perito será dividido nesses dois aspectos, o que denota o grande de complexidade desse tipo de perícia. Com relação a isso o CPPB, no seu § 7º do art. 159, faz a ressalva sobre a possibilidade de serem acionados mais de um perito para atender aos exames necessários, isso tem se mostrado a melhor alternativa com foco na velocidade e detalhamento, principalmente com o uso de equipe multidisciplinares.

Os peritos devem elaborar um laudo minucioso (Art. 160), uma fotografia do local examinado, com o cruzamento dos dados de campo com os disponíveis na documentação e de outras fontes de informação.

A metodologia aqui proposta visa orientar a produção do referido laudo pericial criminal. Ela se utiliza de conceitos e prescrições observados na legislação vigente, em normas técnicas, em instruções e recomendações do Tribunal de Contas da União (TCU), além das práticas de auditoria e perícia em obras públicas consubstanciadas em manuais e roteiros institucionais, sobretudo nas fontes abaixo citadas:

a) CONSTITUIÇÃO DA REPÚBLICA FEDERATIVA DO BRASIL DE 1988 – CF/88;

b) Decreto-Lei nº 3.689/41, de 03 de outubro de 1941. Código de Processo Penal Brasileiro;

c) Decreto-Lei nº 2.848/40, de 07 de dezembro de 1940. Código Penal Brasileiro

d) Lei nº 8.666/93, de 21 de junho de 1993. Regulamenta o Art. 37, inciso XXI, da Constituição Federal, institui normas para licitações e contratos da Administração Pública e dá outras providências;

e) RESOLUÇÃO nº 361/CONFEA, de 10 de dezembro de 1991. Dispõe sobre a conceituação de Projeto Básico em Consultoria de Engenharia, Arquitetura e Agronomia;

f) LEI nº 11.439, de 29 de dezembro de 2006. Dispõe sobre as diretrizes para a elaboração da Lei Orçamentária de 2007 e dá outras providências e suas substitutas – a lei de diretrizes orçamentárias é publicada anualmente;

g) Instrução Técnica (IT) nº 002-Ditec, de 10 de março de 2010 - Dispõe sobre a padronização de procedimentos e exames para análise de desvios de recursos públicos em obras no âmbito da perícia de Engenharia Legal (Engenharia Civil);

h) Orientação Técnica (OT), nº 001-Ditec, de 10 de março de 2010 - Dispõe sobre a padronização de procedimentos e exames para análise de desvios de recursos públicos em obras no âmbito da perícia de Engenharia Legal (Engenharia Civil);

i) Manuais de Obras Públicas - Práticas da Secretaria de Estado da Administração e do Patrimônio - SEAP do Ministério do Planejamento, Orçamento e Gestão (MPOG); e

j) Acórdãos do Tribunal de Contas da União (TCU).

Ao longo do texto, pontualmente cada uma das referências anteriores será citada para embasar o método apresentado. Ressalta-se que as organizações e profissionais que atuam com licitações e contratos devem estar em constante capacitação para que possam manter-se atualizados das alterações da legislação e da doutrina. A prática de universidade corporativa tem se mostrado bastante salutar e efetiva nessa tarefa, substituindo ou mesmo suplantando as disciplinas ofertadas pelas universidades brasileiras, uma vez que os cursos de graduação e pós-graduação ainda são carentes de disciplinas mais profundas sobre as fraudes em licitações e contratos administrativos com foco na Engenharia de Custos.

7.2   Disponibilidade de Dados

As conclusões e cálculos feitos deverão levar em consideração a quantidade e a qualidade dos dados disponíveis. É importante destacar que a presente metodologia foi elaborada para uso tanto em situações de ampla disponibilidade de dados, como em casos de informações ocultas ou baixa precisão.

A ponderação das conclusões, invariavelmente, será diferente nesses casos, devendo ser realizadas as análises de acordo com a disponibilidade dos dados e objetivos da investigação.

Dentre os principais dados temos:

a) Q_E Quantidade de serviços previstos no edital

b) Q_C Quantidade de serviços previstos no contrato original

c) Q_M Quantidade de serviços medidos ou pagos

d) Q_P Quantidade da perícia (ênfase no exame de local)

e) P_E Preço unitário dos serviços previstos no edital

f) P_M Preço unitário dos serviços medidos ou pagos

g) P_C Preço unitário do contrato original

h) P_P Preço unitário de referência (Perícia)

Outras terminologias igualmente utilizadas nesse trabalho são expostas em seguida:

i) T_E Preço total dos serviços previstos no edital

j) T_M Preço total dos serviços medidos ou pagos

k) T_C Preço total dos serviços previstos no contrato original

l) Tq Preço total dos serviços executados com preços medidos

m) T_{CP} Custo de reprodução do contrato original

n) CR Custo de reprodução da obra executada

o) CRa Custo de reprodução adotado da obra executada (somatório dos valores devidos)

p) CR_d Custo de reprodução da obra executada com desconto original

q) SP_O Sobrepreço original

r) SuP_O Subpreço original (desconto original)

s) SF_Q Superfaturamento devido à falta de quantidade e/ou má qualidade

t) SuF_Q Subfaturamento devido ao excesso de quantidade e/ou boa qualidade

u) SF_{PT} Superfaturamento devido ao sobrepreço final (original e "jogo de planilha")

v) SF_{PTM} Superfaturamento devido ao preço original e "jogo de planilha" com quantidades medidas

w) SF_{JP} Superfaturamento devido ao "jogo de planilha"

x) SF_P Superfaturamento devido ao sobrepreço original

y) SF_{CF} Superfaturamento devido às alterações de cláusulas financeiras

z) SF_{RA} Superfaturamento devido aos recebimentos contratuais antecipados

aa) SF_{DC} Superfaturamento devido à distorção do cronograma físico-financeiro

bb) SF_{PI} Superfaturamento devido à prorrogação injustificada do prazo contratual cc) SF_{RI} Superfaturamento   devido   aos reajustamentos irregulares

dd) SF Superfaturamento total

As nomenclaturas e definições adotadas visam estabelecer um protocolo de entendimento com os trabalhos técnicos semelhantes desenvolvidos no âmbito órgãos, como o TCU, de forma a uniformizar e simplificar conceitos. Eles guardam o devido paralelo com as terminologias adotadas na Orientação Técnica (OT), nº 001-Ditec, a qual optou por denominar as parcelas de dano ao erário pela terminologia de divergência constatada e apenas apresentar o resultado dessas divergências como superfaturamento ou dano ao erário na sua totalização. No presente trabalho, com fins didáticos, será apresentado o cálculo passo a passo das parcelas de superfaturamento por tipo e ao final o seu somatório.

7.3   Análise em Separado das Diversas Parcelas de Dano ao Erário

A ideia de promover a separação das diversas parcelas de dano ao erário, com base em um dos princípios do método científico proposto por Descartes[9], objetiva melhor caracterizá-las e assim poder dar o melhor tratamento aos dados obtidos e calculados.

O entendimento proposto é de que o superfaturamento (dano ao erário) consiste nas condutas que levam à cobrança ou pagamento indevidos, de valores monetários, durante a execução de contratos. Esse conceito amplia, em muito, o senso comum de que superfaturamento seja única e exclusivamente a cobrança ou pagamento de preços excessivos em relação à média de mercado.

Os procedimentos e cálculos descritos ao longo desse trabalho têm por objetivo identificar e quantificar esse dano, se houver, no âmbito do

---

[9] Descartes – no livro Discurso do Método apresentou como segundo preceito – *dividir cada uma das dificuldades que examinasse em tantas parcelas quantas pudessem ser e fossem exigidas para melhor compreendê-las.*

contrato de uma obra que, em linhas gerais, apresenta-se sob 3 (três) formas:

a) **Superfaturamento por quantidade e qualidade:** consiste na cobrança por serviços previstos em contrato e que não foram executados, ou que foram parcialmente executados, ou ainda executados com qualidade aquém da especificada;

b) **Superfaturamento por sobrepreço:** é a cobrança de preços altos por serviços executados, seja nos preços unitários ou no valor global do contrato, em relação à média dos valores praticados no mercado à época e região;

c) **Superfaturamento por desequilíbrio econômico-financeiro:** é o rompimento do equilíbrio econômico-financeiro em desfavor da Administração por meio da alteração de quantitativos e/ou preços (jogo de planilha) durante a execução da obra.

Dessa forma, pretende-se evitar a contaminação da análise de uma determinada parcela pela predominância de um fator sobre outro. Por exemplo, em casos onde a parcela de superfaturamento por quantidade for muito grande em relação ao custo de reprodução da obra, evita-se então imputar, equivocadamente, pequenas percentagens de sobrepreço ou de desequilíbrio econômico-financeiro.

Esse mesmo raciocínio vale ao sentido inverso. Em casos de pequeno percentual de superfaturamento no valor global do contrato, que em uma primeira análise poderia ser desconsiderado, decorrente do superfaturamento devido à quantidade e/ou sobrepreço de apenas alguns serviços unitários, o mesmo pode não ser desprezado sob pena do efetivo dano ao erário causado.

O método aqui proposto para quantificar essas três modalidades de dano é progressivo, valorizando a prova material produzida através das medições de campo pelos peritos criminais federais e isolando-a daquela oriunda da análise documental.

Inicialmente é feita uma análise com base em uma data de referência (data-base), como a data de referência para reajustes explicitada no edital (em alguns casos, a data da apresentação da proposta ou a do contrato), calculando-se assim o eventual superfaturamento para essa data inicial. Ressalte-se que, posteriormente, poderá ser necessário calcular sua atualização monetária para a data presente e seus eventuais efeitos em faturas de medição reajustadas contratualmente, geralmente após um ano.

Entretanto, o dano ao erário (superfaturamento) pode não cessar nessa análise com base na data inicial (tempo zero de execução do contrato). Por meio de outros artifícios é possível auferir vantagens indevidas que causam prejuízos à Administração.

A seguir, na continuação do presente trabalho, são enfocadas as principais alterações contratuais que ocorrem no decorrer do tempo, durante a execução contratual, que podem gerar outras formas de desequilíbrio econômico-financeiro.

É importante frisar que a premissa de análise dessas parcelas obedece à premissa geral da metodologia, que é a de fazer uma análise global do contrato e, com foco no equilíbrio de ganhos e perdas, estabelecer, com critério e bom senso, a ocorrência de superfaturamento devido a uma cobrança indevida.

Por se tratarem de fenômenos dinâmicos, já que ocorrem em várias datas e ainda por serem matéria de menor alcance casuístico, essas parcelas devem ser tratadas com muito cuidado e estudo, e, no caso prático, só deveriam ser objeto de maior aprofundamento pela Perícia quando fossem parte do objeto da denúncia.

Em assim sendo, a perícia começa com a análise documental de preços e do processo licitatório. Pela confrontação dos preços contratados e os de referência, feita com base nas quantidades dos serviços previstos no contrato e atentando-se para a forma licitada (preço unitário ou global), obtém-se o sobrepreço ou subpreço original, que é exatamente o ponto de equilíbrio econômico-financeiro do contrato utilizado no presente método. Já no que se refere à análise após o processamento do exame físico do local da obra, o procedimento consiste em subtrair do conjunto de serviços contratados aqueles que não foram executados de acordo com o previsto (quantidade ou qualidade).

A identificação e a quantificação dos serviços não executados são realizadas por meio do exame de local, sendo então confrontadas com as quantidades de serviços que foram declaradas, isto é, medidas ou pagas. O valor total cobrado ou pago por esses serviços inexistentes é o superfaturamento devido à falta de quantidade, também podem se fazer presentes aspectos de falta de qualidade, convertidos em termos quantitativos em função da dificuldade de expressá-los apenas em termos qualitativos.

Em seguida, é calculado o superfaturamento devido ao sobrepreço final. Sobre o conjunto de serviços efetivamente realizados, é feita a análise de seus preços unitários por meio do confronto com preços de referência. A diferença entre os valores totais calculados com os preços unitários cobrados ou pagos e os de referência adotados, quando não puder ser justificada tecnicamente, será o superfaturamento procurado, o qual engloba também eventual parcela de superfaturamento por "jogo de planilha".

Finalmente, é determinado se houve variação significativa do ponto de equilíbrio econômico-financeiro da obra, ou seja, se o sobrepreço ou subpreço do contrato original se manteve para as quantidades reais executadas. Tal diferença, quando desfavorável para a Administração, é o dano devido ao rompimento do equilíbrio econômico-financeiro do contrato. Essa última parcela foi analisada com maior destaque por se tratar de tema mais recente no estudo das fraudes.

Destaca-se, aqui, que o equilíbrio econômico-financeiro citado é o especificamente ocorrido por meio da alteração de quantitativos e/ou preços durante a execução da obra, pois de forma geral todas as fraudes apresentadas no presente trabalho poderiam ser consideradas alterações contratuais que geram desequilíbrio econômico-financeiro. Optou-se pelas nomenclaturas adotadas de forma a facilitar o seu entendimento e associação a outros trabalhos periciais semelhantes.

Apresenta-se na Figura 2 um fluxograma simplificado da metodologia preconizada no presente livro. Ressalta-se que existem diversos caminhos que podem ser seguidos dentro da metodologia em função dos dados disponíveis, dos objetivos da investigação policial ou dos questionamentos judiciais.

Figura 2 - Fluxograma Simplificado de Cálculo de Superfaturamento de Obras Públicas

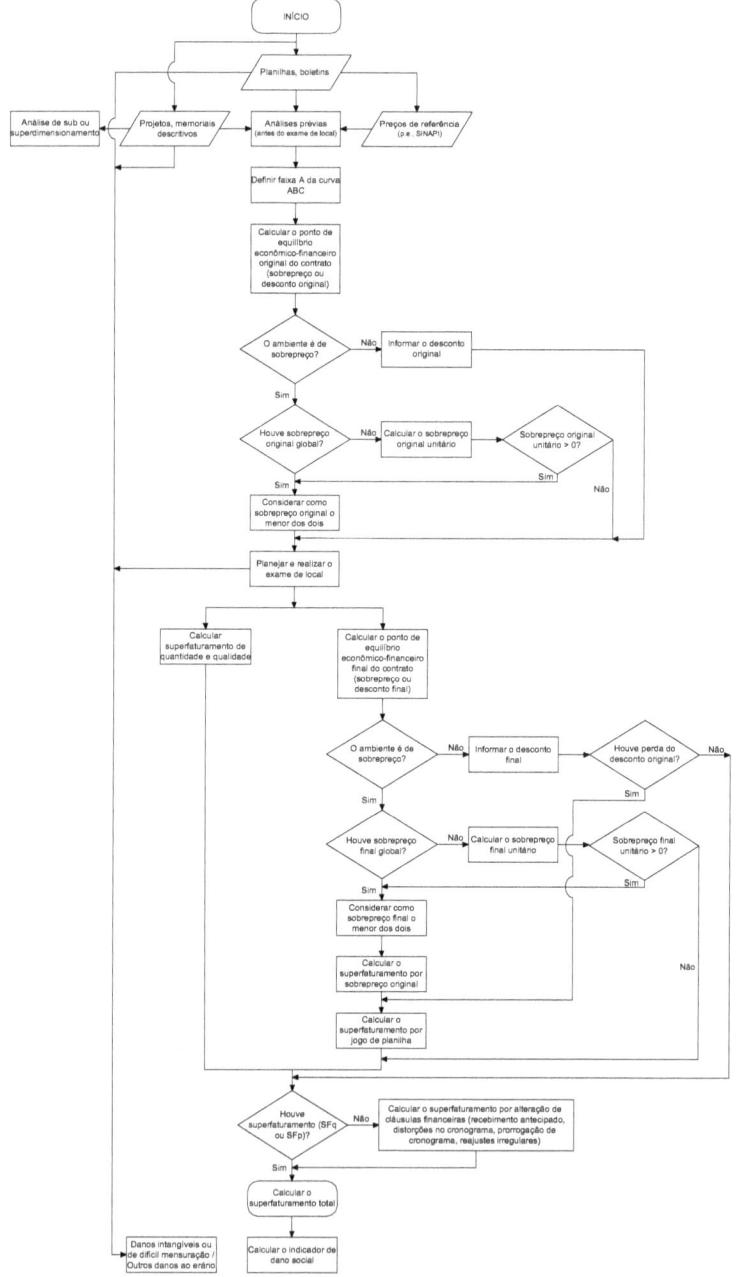

7.4 Concentração nos aspectos relevantes das análises

Investigações criminais sempre são ações complexas e que envolvem diversos aspectos e o uso de recursos humanos e materiais. Saber identificar os elementos relevantes para o trabalho pericial é uma habilidade que se desenvolve com o tempo e o perito deve evitar discutir fatos que sejam insignificantes para as conclusões do Laudo. Por exemplo, discutir o sobrepreço da placa da obra, na grande maioria dos casos, é totalmente irrelevante para as conclusões de dano ao erário, porém pode representar uma brecha para desnecessários questionamentos protelatórios. O uso da técnica da curva ABC, itens/serviços mais representativos de um orçamento, facilita em muito a triagem nesses casos.

8 SUPERFATURAMENTO E SUBFATURAMENTO DEVIDO A QUANTIDADE E A QUALIDADE

Esta parcela é o **núcleo do superfaturamento ou subfaturamento, esse último em casos excepcionais.** Ela se refere ao valor pago em excesso (superfaturamento) ou a menos (subfaturamento) devido aos quantitativos executados em menor (ou maior) quantidade do que os medidos (cobrados), bem como possíveis alterações de qualidade dos materiais e serviços, quando detectáveis e mensuráveis monetariamente.

8.1 Verificação das quantidades de contrato

Uma verificação inicial que pode ser feita é a conferência dos quantitativos contratados em comparação aos quantitativos lançados no edital. Caso não tenha havido nenhum problema, os quantitativos do contrato devem ser iguais aos quantitativos do edital:

$$Q_E = Q_C$$

Equação 3 - Comparação entre as quantidades de serviço constantes no edital com as quantidades previstas na proposta vendedora da licitação

Onde:

Q_E Quantidade de serviços previstos no edital

Q_C Quantidade de serviços previstos no contrato

Caso haja discrepância entre os quantitativos analisados, deverá ser realizada pesquisa com o fim de se localizar documentos que justifiquem sua ocorrência, sob pena de não ser preservada a isonomia entre as propostas e a consequente análise da comissão de licitação. Além disso, pode-se fazer a comparação do preço contratado com o preço do edital, para verificar qual foi o desconto ou acréscimo do preço vencedor em relação ao preço original. Pode-se ainda realizar a análise com o preço das demais concorrentes:

$$T_E = \sum \left(Q_E \cdot P_E \right)$$

Equação 4 - Cálculo do preço total dos serviços no edital em R$

Onde:

T_E Preço total dos serviços previstos no edital

Q_E Quantidade de serviços previstos no edital

P_E Preço unitário dos serviços previstos no edital

$$T_C = \sum \left(Q_C \cdot P_C \right)$$

Equação 5 - Cálculo do preço total dos serviços previstos no contrato em R$

Onde:

T_C Preço total dos serviços previstos no contrato

Q_C Quantidade de serviços previstos no contrato

P_C Preço unitário do contrato

Nessa análise, a ocorrência de semelhanças improváveis entre as propostas, como erros de português, formato de planilha, preços unitários proporcionais entre propostas apresentadas e outros, deve ser registrada para corroborar futuras conclusões dos Laudos. Deve-se atentar para o fato de que, cada vez, com maior frequência, a planilha de referência é fornecida por meio digital para as licitantes.

8.2 Cálculo da Parcela de Superfaturamento ou Subfaturamento por Falta de Quantidade e/ou Má Qualidade

Para o cálculo dessa parcela utiliza-se o somatório das diferenças entre os quantitativos medidos e os levantados documentalmente ou diretamente pelos peritos com exame de local (vistoria da obra) multiplicados pelos preços medidos (cobrados).

$$SF_Q = \sum \left(\Delta Q \cdot P_M \right)$$

Equação 6 - Cálculo do Superfaturamento devido à falta de quantidade e/ou má qualidade em R$

Onde:

SF_Q Superfaturamento devido à falta de quantidade e/ou má qualidade

P_M Preço unitário dos serviços medidos ou pagos

$$SF_Q = \sum \left[\left(Q_M - Q_P \right) \cdot P_M \right]$$

Equação 7 - Cálculo do Superfaturamento devido à falta de quantidade e/ou má qualidade expandida em R$

Onde:

SF_Q Superfaturamento devido à falta de quantidade e/ou má qualidade

P_M Preço unitário dos serviços medidos ou pagos

Q_M Quantidade de serviços medidos ou pagos

Q_P Quantidade da perícia (ênfase no exame de local)

Na análise, podem-se incluir serviços extracontratuais, isto é, executados e não medidos e aditivados. Nesse caso, a quantidade questionada do item novo é desconsiderada, pois o mesmo não estava previsto originalmente. Deve ser chamada a atenção para a ausência do devido termo aditivo contratual, caracterizada, a princípio, como infração administrativa, bem como para uma possível necessidade de comprovação posterior da origem do serviço considerado.

O preço a ser utilizado na análise para um item novo da planilha será o de mercado (no caso mais simples a média de três cotações diretas de mercado). Em caso de subpreço global, não se aplica o percentual de desconto original sobre o preço de referência de mercado, pois a análise é puramente de serviços não executados, resultando no isolamento dos efeitos da preservação do desconto original.

Nos casos onde houve comprovadamente substituição de serviços, os itens substituídos terão a quantidade levantada no exame pericial considerada nula (devem ser zerados), por não terem sido executados. Esse processo proporciona uma análise indireta relativa à qualidade, isto é, a conversão de aspectos qualitativos em quantitativos que terão reflexo financeiro no contrato. Nesse caso, o foco está na qualidade ou conformidade dos materiais e serviços com as especificações, memoriais, planilhas e outros documentos do contrato.

Como exemplo de superfaturamento por má qualidade pode-se citar perícia de obra de saneamento que, dentre outros fatos, detectou a troca do sistema de fossa de alvenaria por pré-moldada com diminuição do volume útil. A diferença monetária encontrada entre o valor contratado e o medido foi de R$ 12.150,47 (doze mil, cento e cinquenta reais e quarenta e sete centavos), a preços de junho de 2000, num total contratado de R$ 51.950,00 (cinquenta e um mil, novecentos e cinquenta reais), sendo que o principal item nesse superfaturamento (dano ao erário) foi devido à troca do sistema de fossa, responsável por R$ 8.640,00 (oito mil, seiscentos e quarenta reais).

No decorrer da investigação, o contratado afirmou em depoimento que deu (entregou), em dinheiro, R$ 5.000,00 (cinco mil reais) ao prefeito da época e, posteriormente na justiça, afirmou que o dinheiro seria doação para campanha eleitoral. Esse caso ilustra que mesmo pequenas diferenças monetárias podem dar vazão a outros atos ilícitos, conforme relatado o montante informado pelo construtor era equivalente a menos de 34 (trinta e quatro) salários mínimos da época.

Os serviços executados, em desconformidade com as normas técnicas e práticas adequadas de engenharia, serão de difícil mensuração. Assim, os aspectos qualitativos da obra não passíveis de mensuração em termos quantitativos deverão ser abordados apenas de forma descritiva e fartamente ilustrados com fotografias comprobatórias dos defeitos apontados.

Uma forma de quantificar o superfaturamento por perda de qualidade é a determinação de um **fator de pagamento**. Em linhas gerais, que o pagamento devido seria proporcional à vida útil que uma obra executada deverá ter após verificações de projeto, de campo e de resultados de exames laboratoriais em amostras colhidas *in loco*.

Tal abordagem é perfeitamente adequada, por exemplo, a obras rodoviárias e poderia ser aplicada no cálculo do custo de reprodução adotado como um fator de redução de seu valor, caso se aplique, nos casos em que os serviços executados não se mostrem imprestáveis, porém com desempenho inferior ao de projeto e desde que sejam obedecidos requisitos mínimos. Por outro lado, assim como pode gerar glosa na fatura, em tese, poderia gerar uma remuneração ao contratado, o que seria uma ocorrência de subfaturamento por boa qualidade, representada por uma melhoria expressiva de desempenho, desde que previsto em edital. Seria um dos meios de desatrelar o lucro do custo total do empreendimento, conforme é preconizado pelas atuais estruturas de BDI.

Em termos percentuais, essa parcela de superfaturamento é obtida através de sua divisão pelo custo de reprodução da obra analisada, o qual por sua vez é calculado pelo somatório do produto das quantidades levantadas no exame de local pelos preços de mercado, aplicando-se, ao final e se for o caso, o desconto original.

$$SF_Q(\%) = \frac{SF_Q}{CR}$$

Equação 8 - Cálculo do percentual do Superfaturamento devido à falta de quantidade e/ou má qualidade

Onde:

SF_Q Superfaturamento devido à falta de quantidade e/ou má qualidade

$$CR = \sum Q_P \cdot P_P$$

Equação 9 - Cálculo do Custo de Reprodução da Obra Executada em R$

Onde:

CR Custo de reprodução da obra executada

Q_P Quantidade da perícia (ênfase no exame de local)

P_P Preço unitário de referência (Perícia)

É extremamente importante ter em mente que as análises aqui propostas não se restringem a meros cálculos matemáticos e financeiros, sendo vital a depuração dos dados em função da natureza técnica do serviço questionado. O bom senso e a boa técnica sugerem que não se pode ter o mesmo grau de rigor na medição das quantidades de postes e do volume de concreto de fundações profundas, uma vez que a precisão obtida nas duas medidas invariavelmente é diferente.

Um exemplo desse tipo de superfaturamento por falta de quantidades ocorreu, na investigação de contrato de obra aeroportuária, por meio do uso de estação total de topografia, foi possível constatar o superfaturamento de quantidades pela medição de serviços de terraplenagem, que não foram completamente executados, ver tabela 1.

Tabela 1 - Extrato de planilha de confronto de quantidades medidas com as levantadas pelos peritos criminais federais multiplicadas pelos preços de serviços de construção contratados (no caso, os da última medição disponível)

Item	Descrição	Un.	Preço Unit. (R$)	Quant. Faturada contratado	Preço total faturado Contratado (R$)	Quant. Referência Pericia	Preço total estimado Pericia (R$)
02.04.000	Terraplenagem				27.972.896.65		21.743.213.26
02.04.101	Desmatamento e limpeza de área	m²	0.38	1.712.135,07	650.611,33	1.712.135,07	650.611,33
02.04.102	Roçada mecanizada	m²	0,04	2.282.529,65	91.301,19	1.712.135,07	68.485.40
02.04.201.01	Escavação e carga material de 1ª categoria	m³	4,52	1.739.370,43	7.861.954,34	1.372.682,11	6.204.523.16
02.04.201.02	Escavação e carga proveniente de empréstimo	m³	5,55	2.761,34	15.325,44	2.761,34	15.325,44
02.04.201.04	Escavação mecanizada de trincheira com profundidade de 5,60 m	m³	9,51	54.824,41	521.380,14	54.824,41	521.380.14
02.04.300.01	Aterro compactado 95% do PM	m³	4,68	894.571,87	4.186.596.35	548.812,29	2.568.441,54
02.04.401.01	Transporte de material de 1ª categoria proveniente da própria área da Infraero, com DMT até 1000 m	m³xkm	4,97	2.259.751,76	11.230.966,26	1.784.486,75	8.868.899,14
02.04.501	Espalhamento em material de 1ª categoria	m³	1,54	1.797.126,34	2.767.574,56	1.427.506,52	2.198.360,05
02.04.502	Espalhamento para material de limpeza	m³	1,40	462.276,45	647.187,04	462.276,47	647.187,06

Os serviços de terraplenagem foram medidos (faturados pelo contratado) em termos financeiros 28,65% a maior do que os valores efetivamente executados segundo levantamentos de campo dos peritos criminais federais.

Os valores unitários dos serviços de uma obra são calculados por composições unitárias que consideram os seus insumos, mão-de-obra, coeficientes de produtividade e encargos sociais de cada serviço, além de outras premissas. Dentre elas, o critério de medição, aceitabilidade dos serviços e forma de execução, as quais necessariamente devem constar nas especificações técnicas pré-estabelecidas no memorial descritivo e/ou nos cadernos de encargo oficialmente adotados pela Administração. Sua finalidade é orientar previamente os licitantes sobre as regras que serão seguidas pela fiscalização durante a execução do contrato, além de, atender aos requisitos estipulados por lei para a elaboração do Projeto Básico.

Essas informações, necessariamente serão consideradas e incorporadas nas composições de custos das propostas das licitantes, definindo a devida relação entre os encargos do contratado e a sua remuneração financeira.

Porém, a inexistência ou lacunas, frequentemente observadas, nos memoriais descritivos e cadernos de encargos dão margem a pagamentos indevidos pela adoção de critérios de medição distintos entre o efetivamente realizado pela fiscalização e o considerado no cálculo das composições de custos unitários (CPUs). Como exemplo didático, pode-se citar um caso de reforma de telhado de edificações. O cálculo da composição normalmente é realizado considerando a projeção do metro quadrado de telhas substituídas para uma inclinação pré-estabelecida do telhado. Se em nenhum documento oficial encontra-se descrito esse critério de medição a ser adotado, a empresa pode vencer a licitação utilizando o metro quadrado de projeção como critério de medição, seguindo junto com as demais empresas. Após o serviço executado, a empresa pode discutir, administrativa ou judicialmente, a adoção da metragem sobre a área efetiva e não sobre a projeção da área de telha trocada, alterando o equilíbrio-econômico financeiro a favor dela.

Percebe-se que, em pequenos detalhes, muitas vezes de difícil percepção, principalmente quando as composições de custos não estão perfeitamente detalhadas, abrem-se margens ao uso de artifícios que possibilitam desequilibrar indiretamente as cláusulas financeiras, mesmo sem modificar os preços contratuais do serviço.

Como referência, sugere-se seguir as recomendações constantes dos Manuais de Obras Públicas - Práticas da Secretaria de Estado da Administração e do Patrimônio (SEAP) do Ministério do Planejamento, Orçamento e Gestão.

É importante lembrar que em situações de obras em andamento ou paralisadas, deverá ser realizado o cálculo do superfaturamento por falta de quantidades ou má qualidade, pois mesmo no caso de a sua execução posterior poderá ainda restar caracterizado um caso de antecipação de pagamento, irregularidade que igualmente configurará um dano ao erário em decorrência da perda de oportunidade no auferimento dos rendimentos financeiros dos valores antecipados, salvo a Administração proceder à devida glosa considerando esses rendimentos financeiros.

Ressalte-se que, em raros casos, pode ocorrer a aquisição de materiais que estarão estocados no local das obras, caso em que esses poderão ser considerados pelos peritos criminais para a perfeita caracterização dos fatos, transcreve-se trecho da Lei nº 8.666/93 sobre o tema:

> *"Art. 65. Os contratos regidos por esta Lei poderão ser alterados, com as devidas justificativas, nos seguintes casos: [...]*
> *§ 4º No caso de supressão de obras, bens ou serviços, se o contratado já houver adquirido os materiais e posto no local dos trabalhos, estes deverão ser pagos pela Administração pelos custos de aquisição regularmente comprovados e monetariamente corrigidos, podendo caber indenização por outros danos eventualmente decorrentes da supressão, desde que regularmente comprovados."*

Caso isso ocorra, deve-se dar especial atenção ao fato de que alguns materiais podem se deteriorar, como, por exemplo, o cimento, que deve ser utilizado em curto tempo ou perderá suas qualidades aglomerantes e ainda a possibilidade de aproveitamento do material em outro local posteriormente. Outro aspecto a ser verificado é se o material estocado está de acordo com o estágio da obra de forma a evitar a concretização de deliberada ação por má fé dos investigados. Logo, os fiscais e gestores não podem autorizar a aquisição, demasiadamente, antecipada de materiais e equipamentos sob pena expor a Administração a esse tipo de alegação.

9   SUPERFATURAMENTO POR SOBREPREÇO FINAL

Superfaturamento por sobrepreço final ocorre quando há ônus ilegal à Administração pelo pagamento dos serviços especificados, em contrato, com preços superiores aos de mercado.

A prática de sobrepreço é a mais comum das formas de superfaturamento. Isso se deve ao fato de que o ganho de lucro indevido estará garantido desde a origem do contrato e não dependerá de fraudes posteriores, em geral mais sofisticadas, como as que ocorrem no superfaturamento por falta de quantidade, má qualidade, "jogo de planilha", dentre outras.

É necessário, no entanto, eliminar a concorrência de forma a viabilizar o sucesso na licitação e consequente assinatura de contrato público com valores superiores aos de mercado. Vários artifícios são usados para esse fim, como o conluio entre empresas interessadas, o que pode caracterizar o crime de formação de cartel ou o direcionamento de editais.

O conluio visa diminuir o número de concorrentes possibilitando o aumento artificial dos preços do contrato, na livre concorrência, quanto maior for a competição entre os licitantes, maior será a vantagem obtida pela Administração. No caso de licitações do tipo de menor preço, menor será o valor da proposta quando houver concorrência entre os competidores. Tal constatação está sedimentada nas leis da economia clássica e tornou-se consenso comum entre as pessoas. Para confirmar e quantificar isso, cita-se, brevemente, a seguir, estatística e análise feita por perito criminal federal[10] sobre dezenas de licitações realizadas pelo Departamento Nacional de Infraestrutura de Transportes (DNIT).

---

[10] LIMA, Marcos Cavalcanti. "SOBREPREÇO DE PREÇOS DE REFERÊNCIA E CONLUIO - COMPARAÇÃO DE CUSTOS REFERENCIAIS DO DNIT E LICITAÇÕES BEM SUCEDIDAS". Brasília: setembro de 2009, V Seminário de Perícias de Engenharia Civil.

Figura 3 - Gráfico do desconto obtido pela Administração no preço das contratações do DNIT, oriundas de processos licitatórios, em relação ao preço global de referência do edital, em função do número de concorrentes

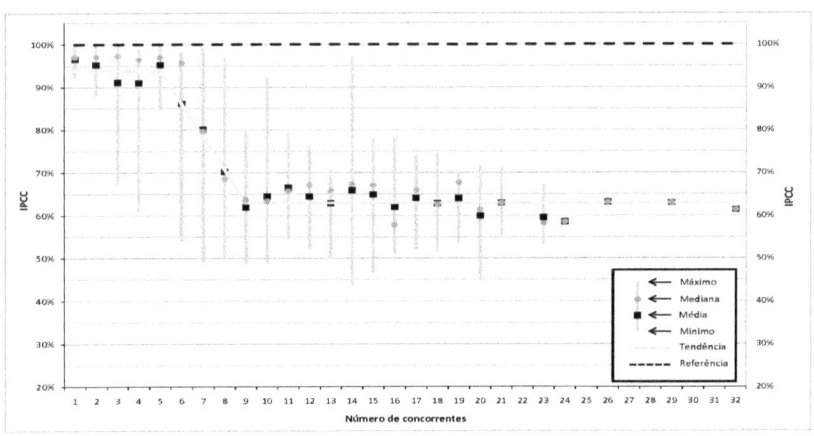

Nela, conforme é apresentado no gráfico da figura 4, confrontam-se preços contratados após licitações feitas pelo órgão. A linha tracejada horizontal representa o preço de referência orçado pelo órgão e tomado como limite máximo de contratação. A barra horizontal classifica os resultados segundo o número de licitantes. A linha de tendência, ao centro das barras de dados da amostra, informa que, em licitações com participação de até cinco competidores, o desconto médio contratado é de cerca de 6% em relação ao valor máximo admitido. Com o acréscimo do número de participantes, esse desconto aumentou, atingindo valores em torno de 35%, a partir de nove competidores. Independente, se as licitações analisadas são para novas construções ou obras de conservação rodoviária, demonstra-se como os preços do Sicro funcionam como teto.

A eliminação da concorrência também pode ser obtida por acertos ilegais com os responsáveis pela licitação, ou seja, prepostos da Administração, de forma a dificultar a participação de outras empresas interessadas por meio da inclusão de exigências contratuais abusivas. Assim, deve-se evitar, dentre outras, as seguintes exigências de atestados técnico-operacionais, salvo detalhada justificativa técnica:

a) Em quantidades superiores a 20 ou 30% do objeto contratual para os principais serviços de execução direta;

b) De quaisquer quantidades para serviços notoriamente subcontratados, junto a empresas especialistas, por exemplo, sistemas de ar condicionado ou elevadores;

c) De quaisquer serviços que sejam insignificantes (custo irrisório) em relação aos demais serviços previstos no edital

A adoção dessas cautelas exemplificativas, e outras dependendo do caso concreto, poderão evitar a atuação de cartéis em grande parte das licitações. O grande cuidado deve estar voltado para as garantias financeiras que devem ser de instituições seguras para garantir o eventual ressarcimento de danos causados.

9.1 Preço de Referência (de Mercado), a busca da verdade real

A análise de superfaturamento por sobrepreço final requer necessariamente a comparação entre os preços a serem licitados ou já contratados com preços de referência, estes atribuídos como valores de mercado, para pagamento por parte da Administração, refletindo uma aplicação de um dos princípios basilares do Direito Penal, a busca da verdade real, logo o mero atendimento formal, de tabelas de preços de órgãos oficiais, pode não servir ao inquérito penal e consequente ação penal.

Um tema polêmico é a análise dos preços praticados no processo licitatório ou outras formas de contratação, que envolvam recursos públicos federais (por exemplo, financiamento bancário). Existia um paradigma, que já foi inquestionável, onde os preços oriundos de um processo licitatório elaborado no rigor do ritual burocrático não poderiam ser alterados ou questionados, tendo esse entendimento perdurado por muito tempo em órgãos de controle e na própria Criminalística da Polícia Federal.

Entretanto, após a descoberta de inúmeras fraudes decorrentes da manipulação arbitrária dos preços praticados em licitações, a verificação da compatibilidade dos preços praticados, nos editais e contratos, da Administração é uma prática atualmente corrente dos órgãos de controle e também da Criminalística da Polícia Federal onde se destacaram as fraudes da Sudam/Sudene, nas quais o sobrepreço original era da ordem de 100%, na maioria dos casos. Nesse contexto, os preços praticados necessitam ser justificados tecnicamente, não devendo o administrador público se submeter ao preço ofertado pelo fornecedor, principalmente em casos de dispensa de licitação.

A título ilustrativo, transcreve-se texto advindo da publicação "Vade-Mécum de Licitações e Contratos", de Jorge Ulisses Jacoby Fernandes:

> *"... Justificativa do preço*
>
> *É sempre importante notar que todas as contratações devem apresentar a justificativa de preço do contrato.*
> *Sendo base nas licitações a busca da proposta mais vantajosa e o tipo, como regra geral, o menor preço, se o administrador elencar no processo os preços encontrados e contratar o menor, será dispensável justificar o preço.*
>
> *Planilha de Custos*
>
> *Antes de proceder a qualquer contratação, a Administração deverá conhecer o total da despesa que, por estimativa, será necessária realizar com o objetivo pretendido.*
> *O prévio conhecimento do valor a ser despendido constitui dever inafastável, há muito tempo consagrado na legislação pátria, e reiterado em vários dispositivos da Lei nº 8.666/93." VERIFICAR*
> *Alude o precitado diploma legal, de modo explícito, a essa exigência, de forma direta, em nada menos que três dispositivos, nos seguintes termos:*
> *1) para obras e serviços, como condição indispensável e antecedente à realização da licitação, dispõem os incisos II, e III, o § 2º, do art. 7:*
> *"Art. 7º As licitações para a execução de obras e para a prestação de serviços obedecerão ao disposto neste artigo e, em particular, à seguinte sequência:*
> *[...]*
> *§ 2º – As obras e os serviços somente poderão ser licitados quando: [...]*
> *II – existir orçamento detalhado em planilhas que expressem a composição de todos os seus custos unitários;*
> *III – houver previsão de recursos orçamentários que assegurem o pagamento das obrigações decorrentes de obras ou serviços a serem*

executados no exercício financeiro em curso, de acordo com o respectivo cronograma;" VERIFICAR

[...]

Assim, em regra de boa técnica administrativa, quando a autoridade vai deliberar sobre a dispensa ou inexigibilidade de licitação, já consta dos autos a estimativa de preços.

Essa estimativa pode até, dependendo das circunstâncias, ser um documento singelo, informando sumariamente as lojas consultadas, o vendedor contatado e o preço ofertado, podendo inclusive ser feita por telefone ou fac-símile, com registro do número nesse documento, seguindo-se uma apuração da média do valor, por exemplo.

O universo a ser pesquisado não precisa ser amplo, podendo-se restringir a consulta a poucas empresas, de acordo com o mercado. Já quando se faz necessária a planilha de custos, deverá haver descrição de cada item, que compõe o serviço ou obra, a ser utilizado e o respectivo preço encontrado; enquanto se admite menor formalismo na obtenção dos preços médios ou praticados no mercado; o maior esforço técnico reside precisamente na elaboração dos itens da própria planilha, que dependendo do objeto pretendido, poderá ser um dos documentos mais complexos do processo de licitação e contratação. Todo o empenho dedicado, pelos órgãos técnicos, na sua elaboração reverterá em benefício da própria Administração e os futuros contratados, que terão mais um indicativo para precisar a sua proposta e definir com clareza o que o contratante pretende.

Algumas críticas têm sido formuladas ao disposto no Art. 40, § 2º, inciso II, da Lei nº 8.666/93, que determina a juntada da planilha de custos como anexo obrigatório do edital. Sustentam uns que, quando os licitantes tomam conhecimento do preço orçado pela Administração, dificilmente ofertarão preços inferiores; outros afirmam que essa prática resultará nos mesmos problemas que o tipo de licitação preço-base trazia para a Administração, pois o custo previsto será o limite mínimo das cotações.

Tais críticas parecem olvidar que a Administração, no plano legislativo, sempre teve de ter tais elementos em mãos, para proceder ao processo licitatório e, às vezes, até utilizá-los para classificar propostas com preços abusivos ou inexequíveis, constituindo relevante dado no processo decisório. O que a nova Lei de Licitações fez, foi obrigar a Administração a evidenciar os critérios que utilizou para estimar o preço da contratação e, mais tarde, o julgamento do valor das propostas.

[...] A regra inafastável, que precisa ficar definida, é que a Administração não pode justificar o preço com mera declaração de que, em virtude da inexigibilidade da licitação verificada na espécie, contratou com o preço cotado pelo único fornecedor, ou único possível contrato. Justificar o preço não é, em absoluto, informar que a Administração se sujeitou ao preço imposto pelo contratado. O sentido do termo é muito mais amplo: justificar o preço é declarar, conforme for determinado em cada inciso ou parágrafo do artigo que autoriza a contratação direta, se o valor contratado é compatível com o de mercado, ou se é o preço justo, certo, que uma avaliação técnica encontraria. Afinal, a norma seria inútil se fosse

suficiente informar que esse foi o preço cotado pelo fornecedor ou executor e é elementar, em hermenêutica, que a Lei não tem contém palavras supérfluas.

[...]

Objetos singulares e o preço

"É comum que determinadas contratações que recaem sobre objetos singulares, encontrem nessa justificativa declarações evasivas. Mesmo os objetos de natureza singular têm um preço estimado no âmbito da razoabilidade e, para ilustrar, basta lembrar que os leilões para objetos de arte iniciam-se com uma avaliação prévia e fixação de um lance mínimo. Todos os bens e atividades humanas possuem um valor que pode ser traduzido em moeda, pois, se não tiverem valor econômico, não podem ser objeto de contrato."

A elevação arbitrária de preços causa dano ao erário e pode ser uma fraude facilmente perceptível quando o objeto da contratação não for uma obra pública ou serviço singular de engenharia, sem tabelas específicas de referência de custos. Mesmo nesses casos é possível a parametrização com tecnologias convencionais que possuam desempenho semelhante.

Essa diferença de preços constitui mecanismo de aumento arbitrário dos lucros, ou seja, ilegal, inclusive viabilizando o pagamento de propinas e culminando por afetar o caráter competitivo dos processos licitatórios. Não há dúvidas, de que uma das bases fundamentais de um procedimento licitatório é uma estimativa de preços adequada e tecnicamente justificável. O artigo 90 da Lei nº 8.666/93 se refere a essa modalidade de fraude, nos seguintes termos:

"Art. 90. Frustrar ou fraudar, mediante ajuste, combinação ou qualquer outro expediente, o caráter competitivo do procedimento licitatório, com o intuito de obter, para si ou para outrem, vantagem decorrente da adjudicação do objeto da licitação:
   Pena - detenção, de 2 (dois) a 4 (quatro) anos, e multa."

Ainda com relação ao sobrepreço, verificam-se importantes referências nos acórdãos dos Tribunais de Contas que permitem maior compreensão da temática. A título ilustrativo, transcreve-se nota do Processo Administrativo nº. 3658/98 – TCDF, citado na publicação "Vade-Mécum de Licitações e Contratos", de Jorge Ulisses Jacoby Fernandes:

> *"[...] o TCU verificou "sobrepreço de R$ 217.414,39, observado nos novos serviços de que trata o 2º Termo Aditivo ao Contrato 4.02.124D, firmado com o Consórcio SEC/Cidade, correspondendo a 12,56% do valor total daqueles serviços, de acordo com os parâmetros adotados (Sicro-2/AC-Ajustado/Sinapi/Acórdão 844/2004 – Plenário adotado no TC 010.347/2003-1) [,...]"*

E determinou:

> *"...proceda a reserva de valor igual ao estimado no item 9.1.4, abstendo-se de repassá-lo ao consórcio contratado, até que definitivamente resolvida a questão relativa ao sobrepreço; [...] caso reconheça a existência do sobrepreço apontado no item 9.1.4., acima, adote, por iniciativa própria, as medidas necessárias à correção dos desvios observados, mediante repactuação do termo aditivo e obtenção de ressarcimento dos valores eventualmente já indevidamente pagos, inclusive mediante compensação em futuros pagamentos; fonte: TCU. Processo nº TC-004.064/2004-9. Acórdão nº 1.502/2004 – Plenário."*

Devem ser observados, sempre, os princípios constitucionais inerentes aos atos da Administração Pública, a que se refere o caput do seu artigo 37, e outras normas dessa Carta Magna referentes ao tema em debate, estabelecidas no inciso XXI, do referido artigo 37, e artigo 70, a seguir transcritos:

> *"Art. 37. A administração pública direta e indireta de qualquer dos Poderes da União, dos Estados, do Distrito Federal e dos Municípios obedecerá aos princípios de legalidade, impessoalidade, moralidade, publicidade e **eficiência.***
> *XXI – ressalvados os casos especificados na legislação, as obras, serviços, compras e alienações serão contratados mediante processo de licitação pública que assegure igualdade de condições a todos os concorrentes, **com cláusulas que estabeleçam obrigações de pagamento, mantidas as condições efetivas da proposta,** nos termos da lei, o qual somente permitirá as exigências de qualificação técnica e econômica indispensáveis à garantia do cumprimento das obrigações."*

> *"Art. 70. A fiscalização contábil, financeira, orçamentária, operacional e patrimonial da União e das entidades da administração direta e indireta, quanto à legalidade, legitimidade, **economicidade**, aplicação das subvenções e renúncia de receitas, será exercida pelo Congresso Nacional, mediante controle externo, e pelo sistema de controle interno de cada Poder."*

O controle da economicidade inspira-se no princípio da relação custo/benefício, o qual, por sua vez, se fundamenta na adequação entre receita e despesa, de modo que o cidadão não seja obrigado a fazer maior sacrifício e pagar mais impostos para obter bens e serviços que estão disponíveis no mercado a menor preço.

Dessa forma, o entendimento dos órgãos de controle da Administração Pública e da Criminalística da Polícia Federal é o de que o referencial inicial deve ser o preço de mercado, adequadamente contextualizado ao estado da arte de orçamentação de qualquer época. Consolidado esse conceito, se apresenta como um novo desafio determinar esse preço, existindo vários sistemas de orçamentação, públicos ou privados, que se propõem a fornecer essa informação.

Um dos sistemas de orçamentação que mais se destacou ao longo dos últimos anos, sendo atualmente referência oficial obrigatória na esfera da União, é o Sistema Nacional de Pesquisa de Custos e Índices da Construção Civil – **SINAPI**. Ele oferece custos coletados em todas as capitais do país, além de permitir consultas a preços pretéritos, o que é imprescindível nas áreas de perícia e auditoria. Outro exemplo, com facilidades semelhantes, é o Sistema de Custos Rodoviários – **SICRO**, do Departamento Nacional de Infraestrutura Terrestre – DNIT.

Assim, com base na determinação prevista na Lei de Diretrizes Orçamentárias - LDO para o ano de 2008, Lei nº 11.514/07, de 15/08/07, pode-se verificar a ocorrência de sobrepreço por meio de confrontos - comparações:

> *"Art. 115. Os **custos unitários** de materiais e serviços de obras executadas com recursos dos orçamentos da União **não poderão ser superiores** à mediana daqueles constantes do Sistema Nacional de Pesquisa de Custos e Índices da Construção Civil - **SINAPI**, mantido pela Caixa Econômica Federal, que deverá disponibilizar tais informações na internet.*
> *§ 1º Somente em condições especiais, devidamente justificadas em relatório técnico circunstanciado,aprovado pela autoridade competente, poderão os respectivos custos ultrapassar o limite fixado no caput deste artigo, sem prejuízo da avaliação dos órgãos de controle interno e externo.*
> *§ 2º A Caixa Econômica Federal promoverá, com base nas informações prestadas pelos órgãos públicos federais de cada setor, para inclusão no SINAPI, a ampliação dos tipos de empreendimentos atualmente abrangidos pelo Sistema, de modo a contemplar os principais tipos de obras públicas contratadas, em especial as obras rodoviárias, ferroviárias, hidroviárias,*

portuárias, aeroportuárias e de edificações, saneamento, barragens, irrigação e linhas de transmissão.

§ 3° Nos casos ainda não abrangidos pelo SINAPI, poderá ser usado, em substituição a esse Sistema, o Custo Unitário Básico - CUB, divulgado pelo Sindicato da Indústria da Construção Civil.

§ 4° As informações de que trata o § 2° deste artigo serão encaminhadas à Caixa Econômica Federal até o mês de junho.

§ 5° A Fundação Nacional de Saúde poderá utilizar sistema de custos próprio, baseado em coletas regionais periódicas, os quais serão informados à Caixa Econômica Federal para inclusão no SINAPI."

Em épocas pretéritas (antes de 2004), quando não havia essa imposição legal, os Peritos adotavam, eventualmente, outras referências consagradas. Como exemplo, cita-se um empreendimento da Sudam que originalmente foi orçado com preços da *Revista Construção*, editada pela Editora Pini, empreendimento esse que orçado pelo SINAPI apresentava sobrepreço. Diante disso, os peritos optaram por realizar a reconstituição do orçamento com base em ferramentas disponíveis à época, tendo sido adotada a revista já citada, a isso se denominou de compatibilização temporal.

Mesmo em períodos após 2004, os peritos podem e devem adotar outras referências, nos casos em que os preços apresentados, pelo Sinapi/Sicro, não estiverem, comprovadamente refletindo, as práticas de mercado, de forma a bem esclarecer a autoridade judicial à realidade dos fatos. Esse tipo de ocorrência deve ser destacada no laudo pericial para permitir a sua distinção das demais ocorrências.

Os sistemas de custos oficiais se mostram conservadores e, portanto, a princípio, adequados à esfera penal. Existem sistemas de cotação de preços de referência (por exemplo, Sicro e Emop) que adotam a teoria do menor preço exeqüível onde são avaliados o menor preço e a capacidade de fornecimento dos fornecedores, os quais podem ser considerados referenciais oficiais para um caso concreto, sendo eles aplicados nas análises periciais observado o teto imposto pelas LDO's. A sua utilização, em alguns casos, poderá ser uma melhor aproximação da realidade – objetivo final de uma perícia criminal. **Estudos mais recentes da Criminalística da Polícia Federal tem demonstrado, sistematicamente, que os preços de insumos do 1° quartil do Sinapi são uma melhor aproximação da realidade do que os preços medianos.**

Esse fato, aliado às dificuldades de determinação do preço real de serviços de natureza singular ou complexa, tais como equipamentos que não são de prateleira, novas tecnologias, serviços compostos de vários insumos; leva à constatação que se mostra mais seguro ao gestor público não orçar todas as suas obras públicas pelo teto da LDO (preços medianos do Sinapi e coleta Sicro – para citar os principais). O uso de orçamentos mais ajustados minimiza a possibilidade de que em futura investigação se constate que um orçamento que se imaginava refletir o mercado, na verdade estava com sobrepreço.

Por outro lado, vai frontalmente de encontro aos princípios da razoabilidade e da economicidade o entendimento de que sejam aceitáveis como referência de preços, em licitações e contratos administrativos, aqueles mais elevados do mercado (por exemplo, o 3º quartil do sistema Sinapi) ou mesmo preços maiores que os provenientes das amostragens diretas do mercado local, sem a devida e embasada justificativa técnica.

Destaca-se que o Sinapi trata de custos diretos (incluindo encargos sociais básicos ou plenos), tema a parte, ou seja, não considera a parcela relativa a bonificações e despesas indiretas (BDI). A parcela do BDI deve ser tratada à parte e considerada na formação do preço de referência da Perícia.

Eventualmente, os encargos sociais podem ser o objeto da denúncia, como no caso de obras de mutirão. Assim, os preços apresentados pelo Sinapi devem ser ajustados, pois apresentam pelo menos encargos sociais básicos. Percentuais de encargos sociais, significativamente superiores – mais de 20%, superiores ao Sinapi não deveriam ser aceitos, salvo se objeto de devida justificativa técnica. Na prática, os encargos sociais realmente aplicados tendem a ser inferiores em virtude de práticas regionais (por exemplo, na região amazônica), ou mesmo pelo uso de contratações temporárias ou subcontratações. Um cuidado extra, na análise dos encargos sociais, está na possibilidade de cobrança de despesas em duplicidade com as já previstas em outras partes da proposta da licitante, seja na planilha de custos diretos ou na tabela de composição da taxa de BDI.

9.1.1 Composição de preços unitários (CPUs)

Nas fraudes em geral, restringida a concorrência, é necessário formalizar e justificar a cobrança do preço oferecido à Administração (§ 2º do art. 7º da Lei nº 8.666/93). Para isso é apresentado um documento chamado Composição de Custo Unitário (CPU), para cada tipo de serviço a ser executado. As CPUs são geralmente compostas das seguintes informações:

a) Insumos básicos – produtos básicos da indústria da construção, tais como areia, cimento, aço, tijolos, tubos, fiação elétrica, dentre outros. São as unidades básicas de um orçamento e seus preços são obtidos por cotações diretas no mercado ou consultas a sistemas de referência de preço;

b) Mão-de-obra – trabalhadores da indústria da construção, tais como engenheiros, chefes de equipe (encarregados), pedreiros, armadores, carpinteiros, dentre outros. Também são unidades básicas de um orçamento e seus preços são obtidos por cotações diretas no mercado ou consultas a sistemas de referência de preço (geralmente com pisos salariais mínimos para cada tipo de trabalhador – acordos sindicais). Esses preços são os apresentados no contracheque dos trabalhadores e devem ser acrescidos dos encargos sociais;

c) Encargos sociais – são custos oriundos das leis trabalhistas e de custos associados à mão-de-obra (alguns tipos de impostos e contribuições, férias, acidentes, transporte urbanos, refeições, dentre outros). No Brasil representam uma taxa sobre a mão-de-obra acima de 100% (de acordo com dados utilizados pela Caixa Econômica Federal no Sinapi);

d) Máquinas e Equipamentos – geralmente somente grandes equipamentos são apresentados de forma isolada em composições, tais como caminhões, escavadeiras, guindastes, dentre outros. Os equipamentos pequenos geralmente estão inclusos em taxas estatísticas sobre o custo total da mão-de-obra ou do custo total da construção;

e) Insumos compostos – produtos formados pela associação de insumos básicos, mão-de-obra e encargos sociais. Geralmente são os produtos efetivamente aplicados na construção, tais como concreto, armadura de lajes, vigas e pilares, redes de água e esgoto, dentre outros serviços;

f) Coeficientes de consumo – são as taxas de consumo de cada item de uma CPU, para a execução de uma unidade física de determinado serviço. Devem incluir as perdas do processo construtivo e estar associada às características físicas dos insumos utilizados. Podem ser obtidas dos fabricantes e podem fornecer também orientações para os peritos sobre problemas de baixa qualidade;

g) Coeficiente de produtividade – são as taxas de produtividade da mão-de-obra e equipamentos para a execução de uma unidade física de determinado serviço. Para equipamentos podem ser obtidas mais facilmente do fabricante, já a mão-de-obra é obtida de forma estatística-empírica.

h) BDI – representa uma taxa para cobrir custos com impostos, custos administrativos e lucro bruto da empresa contratada. De modo geral, é obtido com base na legislação e em dados estatístico-empíricos.

Os fraudadores das licitações podem optar pelas seguintes formas de alteração indevidas dos preços (sobrepreço):

a) Elevação arbitrária da taxa de BDI – é a forma preferida no sentido de representar a oficialização da contratação com taxas de lucros abusivos. Geralmente, muito fiscalizada pela ação dos órgãos de controle e fiscalização;

b) Cotação irreal – é comum a apresentação de três orçamentos com preços combinados para serem bem superiores aos verdadeiros de mercado. Por ser a mais simples de ser executada também é a mais fácil de ser detectada;

c) Inserção ou majoração de insumos ou mão-de-obra desnecessária – apresentação da utilização de mão-de-obra excessiva para execução de determinado serviço;

d) Minoração da produtividade – apresentação de carga horária subestimada em relação à real capacidade produtiva dos trabalhadores e máquinas.

As duas últimas formas de majoração dos preços são as mais difíceis de serem detectadas, por exigirem, em algumas situações, conhecimentos de engenharia, por exemplo, cita-se em trecho de laudo pericial apresentado como exemplo didático, a seguir transcrito:

"Nesse contexto, destaca-se, por exemplo, a composição unitária do consórcio referente à execução de concreto de alto desempenho, com fck de

50 MPa. Nessa composição, o somatório dos coeficientes dos insumos apresentados resulta em 3670 kg, enquanto o peso de 1m³ de concreto armado é de aproximadamente 2400 kg, dado amplamente conhecido no meio técnico. Dessa forma, cada metro cúbico medido do item 03.02.103.50 da planilha contratual resultou no pagamento por 1200 kg de insumos não utilizados."

Figura 4 - Composição de preço unitária para o serviço de fornecimento e aplicação de concreto de alto desempenho – Fck = 50 MPa

COMPOSIÇÃO ANALÍTICA DE PREÇO UNITÁRIO DE SERVIÇO

Item:	Serviço:	Data: Agosto 2004
03.02.103.50	Fornecimento e aplicação de concreto alto desempenho (CAD) Fck = 50MPa	Unidade: M3

Equipamentos

Código	Insumo	Unid.	Quant.	Índice	Custo Horário	Custo Total
08025517	BOMBA CONCRETO 125HP 60M3/H	H	1,00	0,09091	118,40	10,76
08110109	CAMINHÃO LANÇA DE CONCRETO	H	1,00	0,09091	178,64	16,24
08111018	CAMINHÃO BETONEIRA	H	1,00	0,19048	126,36	24,07
08144018	CAMINHÃO TANQUE 10.000 Lts	H	1,00	0,03571	81,44	2,91
08163006	CAMINHÃO GUINDAUTO Cap. 3.25t 140 HP	H	1,00	0,03571	74,91	2,68
08400615	GRUPO GERADOR 30 KVA 38HP	H	1,00	0,45000	22,75	10,24
08428210	ELEVADOR DE CARGA	H	1,00	0,00100	15,50	0,02
08439805	GUINDASTE TORRE GRUA - 55TM	H	1,00	0,00200	231,55	0,46
08439819	GUINDASTE TORRE GRUA - 98TM	H	1,00	0,00100	342,04	0,34
08641218	COMPRESSOR PORTÁTIL 160PCM 54HP	H	1,00	0,50000	38,14	19,07
08991601	VIBRADOR DE IMERSAO 45MM ELET.	H	1,00	3,00000	6,69	20,07
	Custo Horário de Equipamento				Total (A)	106,86

Mão-de-Obra

Código	Insumo	Unid.	Quant.	Custo Horário	Custo Total
11066151	AJUD PEDREIRO CONCRETO	H	6,17500	1,51	9,33
12062032	CARPINTEIRO FORMA	H	1,23500	2,72	3,36
12062452	PEDREIRO CONCRETO	H	3,70500	2,72	10,07
12062582	VIBRADORISTA	H	2,47000	2,72	6,71
13061076	ELETRICISTA BAIXA TENSAO I	H	1,23500	2,72	3,36
15051195	ENC TURMA PEDREIRO CONCRETO	H	1,23500	3,39	4,19
15535151	ENCAR SERV LANC CONCRETO	H	1,23500	7,12	8,79
	Custo Direto da Mão-de-Obra				45,81
	Encargos Sociais			137,67%	63,06
	Custo Horário de Mão de Obra			Total (B)	108,87

Materiais

Código	Insumo	Unid.	Quant.	Custo Unitário	Custo Total
20100010	CIMENTO PORTLAND A GRANEL - CPII	KG	592,74800	0,35	207,46
20300231	ADITIVO MASTERMIX 390N-PLASTIFICANTE	L	4,34660	1,46	6,35
21800034	AREIA GROSSA	M3	0,90363	40,41	36,51
21900020	BRITA 1	M3	0,38412	35,10	13,48
21900031	BRITA 2	M3	0,73001	35,10	25,62
25700006	MATERIAIS VARIOS CONSTRUCAO CIVIL	VB	24.50000	1,00	24,50
26400019	FERRAMENTAS E UTENSILIOS	VB	33,52000	1,00	33,52
27777754	MICROSILICA - METACAULIM	KG	45,90000	0,89	40,85
	Custo dos Materiais			Total (C)	388,29

Serviços

Código	Insumo	Unid.	Quant.	Custo Unitário	Custo Total
09994832	PRODUÇÃO DE CONCRETO (CIBI-P-IV + L-90)	M3	1,00000	17,62	17,62
30401107	ANDAIME	VB	16,50000	1,00	16,50
	Custo dos Serviços			Total (D)	34,12

Custo Unitário Direto = [(A)+(B)+(C)+(D)]	Total (E)	638,14
B.D.I.= (F)	35,00%	223,35
Preço Unitário Total	[(E)+(F)]	861,49

Figura 5 - Exemplo de Traço (dosagem) de concreto de alto desempenho de 50 MPa

Tabela 3 – Traços de concretos com cimento CP II-E-32.

Resistência de Dosagem Esperada (MPa) na Idade (dias)			TRAÇO EM MASSA									TRAÇO EM VOLUME									TRAÇO PARA UM SACO DE CIMENTO (50 kg)			
			Para 1 kg de cimento				Para 1 metro cúbico					Para 1 kg de cimento				Para 1 metro cúbico								
3	7	28	Areia (kg)	Pedra (kg)	a/c	Aditivo (%)(1)	Cimento (kg)	Areia (kg)	Pedra (kg)	Água (kg)	Aditivo (kg)	Areia (ℓ)	Pedra (ℓ)	a/c	Aditivo (%)(1)	Cimento (kg)	Areia (ℓ)	Pedra (ℓ)	Água (ℓ)	Aditivo (ℓ)	Areia (lata(2))	Pedra (lata(2))	Água (lata(2))	Aditivo (ml)
23	34	50	2,08	2,32	0,45		412	856	957	185	6,2	1,43	1,46	0,45		412	590	602	185	5,2	4,0	4,1	1,2	

Adotando de forma simplificada e conservadora a densidade aparente de 1.500 quilos/m3 para a areia e brita se obtém um peso total aproximadamente 40% superior ao peso total real. Uma simples busca na internet já fornece várias referências contrárias aos dados apresentados como verdadeiros (Barboza e Bastos[11]), ver a figura 6 com exemplo de traço devidamente dimensionado. Essa forma de superfaturamento por sobrepreço, de fato assemelha-se ao superfaturamento pela falta de quantidades, pois tem por base dados físicos irreais.

Os fraudadores, usualmente, apresentam dados discrepantes e irreais na certeza de que a licitação, objeto da fraude, não será investigada de forma técnica-científica. Nisso reside a importância da perícia criminal no contexto geral da investigação policial.

Os preços também podem ser estudados com base em contratos e notas fiscais reais, que podem ser obtidas nas próprias empresas investigadas, por meio de buscas e apreensões judiciais ou em consultas diretas às empresas que foram subcontratadas pelas investigadas. Esse tipo de abordagem oferece uma melhor aproximação da realidade. Recentes investigações da Polícia Federal, em algumas dessas consultas comprovaram sobrepreços superiores a 100%, em serviços como o fornecimento de elevadores, escadas rolantes e ar condicionado.

Algumas composições unitárias de serviço estudadas apresentaram percentuais muito elevados de sobrepreço. Como, por exemplo, tem-se o corte em pavimento de concreto, sobrepreço de 4.037,00% (quatro mil e trinta e sete por cento); mobilização, sobrepreço de 1.427% (mil, quatrocentos e vinte e sete por cento) e veículo de apoio à fiscalização, de 205,04% (duzentos e cinco vírgula zero quatro por cento).

---

[11] Barboza, M.R.; Bastos, P.S., Traços de concreto para obras de pequeno porte, UNESP

9.2   Bonificação e Despesas Indiretas (BDI)

Outro ponto extremamente importante para obtenção do preço das obras de engenharia é o de BONIFICAÇÕES E DESPESAS INDIRETA (BDI). Esse índice percentual deve incidir diretamente sobre o custo de cada serviço, isto é, cada item discriminado na planilha orçamentária, o que proporciona a obtenção de o preço de serviço, que é o valor apresentado na citada planilha.

Ressalta-se, que as recomendações quanto à aplicação da taxa de BDI são as mesmas prescritas na Orientação Técnica nº 001/DITEC da Polícia Federal, que dispõe sobre a padronização de procedimentos e exames no âmbito da perícia de Engenharia Legal (Engenharia Civil), nos seguintes termos:

> "§ 4o. A compatibilização deve contemplar o BDI, que deve ser:
> I – o ofertado pela empresa vencedora da licitação, se considerado pertinente pelo Perito Criminal Federal;
> II – de acordo com a origem dos preços coletados, se cabível;
> III – de 30%, ou outro percentual divulgado pelo órgão central da Criminalística responsável pelas perícias de engenharia legal, nos casos omissos; ou
> IV – percentual tecnicamente calculado pelo Perito Criminal Federal."

Em alguns casos, a denúncia pode ser justamente relativa a uma cobrança abusiva de elevadas taxas de BDI. Nesse caso, aplicam-se, subsidiariamente as premissas do presente livro e as demais relativas à engenharia de custos.

Deve-se checar a taxa de BDI proposta, considerando-se as margens mais adequadas e tecnicamente justificáveis. Nesse processo, será fundamental a análise dos itens previstos na planilha de custos diretos e a verificação de eventuais sobreposições de serviços e percentuais componentes do BDI.

Uma importante referência é o Acórdão nº 325/2007-Plenário do TCU, que apresentou estudo sobre a taxa de BDI (lá tratado como LDI), de onde se transcreve tabela resumo:

Tabela 2 - Tabela de faixas de valores dos componentes da taxa de BDI constante do Acórdão nº 325/2007 – Plenário do TCU

Item	Mínimo (%)	Máximo (%)	Média (%)
Garantia	0,00	0,42	0,21
Taxa de risco	0,00	2,05	0,97
Despesas financeiras	0,00	1,20	0,59
Administração central	0,11	8,03	4,07
Lucro	3,83	9,96	6,90
COFINS	3,00	3,00	3,00
PIS	0,65	0,65	0,65
ISS	2,00	5,00	3,62
CPMF	0,38	0,38	0,38
Total	**16,36**	**28,87**	**22,61**

Mesmo as orientações mais atuais do TCU não suprem alguns pontos importantes para a adequada definição da taxa de BDI, razão por que ainda precisam ser melhor estudados os seguintes aspectos:

a) Porte da obra – Não se mostra razoável a adoção de uma mesma taxa de BDI para todos os tipos de obra e não existe orientação, mesmo que simplificada, de como proceder a esse ajuste. A tendência é que obras de menor porte tenham taxa de BDI maiores. Assim, itens como Administração e lucro deveriam variar em função do porte da obra.

b) Administração local e Mobilização/desmobilização – a inclusão desses itens na planilha de serviços diretos cria um paradoxo, são serviços que não deixam unidades físicas na obra executada, logo difíceis de serem auditados. Sempre que se incluem itens, não atrelados a unidades físicas da obra na planilha de custos diretos, acaba-se correndo um risco de pagar por serviços que na prática não agregam valor a obra, a exemplo, de horas de bombeamento para rebaixamento de lençol freático.

Esse tema controverso tem sido estudado pelos peritos criminais federais no sentido que de seja apresentada uma solução para esses e outros problemas na definição da mais adequada taxa de BDI. A seguir é apresentado modelo matemático que possibilita o cálculo estimativo da taxa de BDI para obras públicas.

9.2.1 BDI referencial com base no porte e localização da obra

O papel de regulamentador das referências de preço nas licitações de obras públicas, na ausência de regulamentação por parte do Ministério do Planejamento, Orçamento e Gestão (MPOG), tem cabido ao Congresso Nacional, que tem se apoiado nos acórdãos e relatórios de auditoria do Tribunal de Contas da União (TCU) . Todavia, com relação à definição do referencial para taxa de BDI ainda existe a necessidade de maior orientação aos órgãos públicos, alguns extremamente carentes em termos de equipe técnica especializada. No art. 127 da última Lei de Diretrizes Orçamentárias (LDO) de 2011 (Lei nº 12.309, de 09 de agosto de 2010) foi estabelecido o seguinte:

> "§ 7o O preço de referência das obras e serviços de engenharia será aquele resultante da composição do custo unitário direto do sistema utilizado, acrescido do percentual de Benefícios e Despesas Indiretas – BDI, evidenciando em sua composição, no mínimo:
> I - taxa de rateio da administração central;
> II - percentuais de tributos incidentes sobre o preço do serviço, excluídos aqueles de natureza direta e personalística que oneram o contratado;
> III - taxa de risco, seguro e garantia do empreendimento; e
> IV - taxa de lucro."

De fato, houve um avanço no trato da matéria, mas ainda aquém de suprir as necessidades de um orçamentista. Na tentativa de suprir essa carência o Serviço de Perícias de Engenharia (SEPEMA) do Instituto Nacional de Criminalística (INC) da Polícia Federal (PF), elaborou um modelo matemático, que possibilita ajustar parâmetros componentes da taxa de BDI basicamente em função de quatro variáveis: porte do empreendimento, localização em relação a centros urbanos, valor corrente da taxa Selic e percentual do Imposto Sobre Serviços (ISS) conforme legislação municipal.

Como todo modelo matemático[12], o apresentado no presente trabalho visa expressar a realidade de forma simplificada. Um modelo matemático é elegante e prático quando consegue ter razoável precisão e evita a tentação da inserção de todas as variáveis conhecidas e imagináveis.

O presente texto, por concisão, não fará uma revisão bibliográfica sobre BDI nem discorrerá exaustivamente por cada um dos motivos que levaram a configuração do modelo aqui apresentado. Apenas se pretende oferecer uma ferramenta prática à comunidade técnica-científica, que envolve todos os profissionais que lidam com a orçamentação de obras públicas, desde os que atuam na sua concepção até os que trabalham em eventuais investigações ou tomadas de contas especiais. A expectativa é que com o uso o modelo possa ser dia-a-dia aperfeiçoado, visando mitigar os conflitos administrativos e judiciais em torno dessa matéria.

9.2.1.1 Motivações para a proposta de taxa de BDI referencial

Um dos focos do presente trabalho está na necessidade de racionalizar os recursos materiais e humanos necessários à: orçamentação, licitação, contratação, fiscalização, ao controle e á eventual perícia de obras públicas. Tendo em vista a carência de diversos órgãos das esferas: federal, estadual, municipal, com relação à existência de corpo técnico especializado.

As referências de maior destaque atualmente, com relação à taxa de BDI, são: a Portaria n° 1.186/2009 — DNIT e o Acórdão n° 325/2007 – Plenário/TCU, foram base inicial para o modelo matemático, mas o processo de modelagem resgatou o fato de que as taxas de BDI históricas,

---

[12] Um **modelo** matemático é uma representação, ou interpretação simplificada da realidade, ou uma interpretação de um fragmento de um sistema, segundo uma estrutura de conceitos mentais, ou experimentais. – Fonte: Wikipédia, acessado em 01°/10/2010.

nos anos de 1990, incluíam as despesas de Administração local, Mobilização/desmobilização e implantação do canteiro de obras, e situavam-se na faixa de 20% a 30%.

O maior conhecimento da realidade, com base nas informações obtidas de documentos físicos e eletrônicos, durante investigações da Polícia Federal   (PF) e os recentes laudos periciais criminais produzidos, relativos a obras de grande porte, permitiram a modelagem para definição da taxa de BDI referencial com base em algumas variáveis A primeira premissa foi que os orçamentos devem ser ajustados de acordo com o porte da obra, observando inclusive determinação legal da Lei n° 8.666/93, a ser transcrita:

> *"Art. 23. As modalidades de licitação a que se referem os incisos I a III do artigo anterior serão determinadas em função dos seguintes limites, tendo em vista o valor estimado da contratação:*
> *[...]   As obras, serviços e compras efetuadas pela Administração serão divididas em tantas parcelas quantas se comprovarem técnica e economicamente viáveis, procedendo-se à licitação com vistas ao melhor aproveitamento dos recursos disponíveis no mercado e à **ampliação da competitividade sem perda da economia de escala**."*— *Grifo nosso.*

Igualmente norteador foi considerar que, preferencialmente, na planilha de custos diretos somente devem constar itens (serviços) que sejam expressos por unidades de medição físicas (metro, metro quadrado, metro cúbico, quilo, quilômetro e unidade ou conjunto – e suas combinações e subdivisões) e que possam ser aferidas diretamente no projeto básico ou executivo, por exames de campo durante a execução da obra e no seu controle e perícia posteriores, objetivando a agregação de valor ao empreendimento.

Historicamente, a Criminalística da Polícia Federal optava por homologar as taxas de BDI apresentadas ou embutidas nos contratos investigados. Todavia, vários questionamentos foram encaminhados, à Criminalística, sobre a ocorrência de taxas de BDI abusivas, especialmente em grandes empreendimentos. Nessas análises foi constatada a ocorrência recente, nesta primeira década do século XXI, de taxas de BDI oficiais da ordem de 35% a 50%, ao se somar a taxa de BDI declarada às despesas de Administração Local e Mobilização/desmobilização incluídas na planilha de custos diretos.

Foi considerado que o detalhamento das despesas de Administração Local na planilha de custos diretos, pode influenciar na liberdade administrativa das contratadas, ao estipular a quantidade mínima de: engenheiros, mestres-de-obras, topógrafos, técnicos de segurança, dentre outros. Além de incentivar que a contratada instale grande parte da sua administração central dentro dos grandes canteiros de obras. Logo, é proposta a sua inclusão na taxa de BDI com base nos modelos vigentes ajustados pela experiência adquirida nos últimos anos.

O modelo simplificado aqui proposto, também visa mitigar as dificuldades metodológicas,[13] impostas pelas novas referências para a definição analítica das despesas com Administração local e Mobilização/desmobilização, que aumentamos custos com orçamentista e o tempo para conclusão de análises, havendo ainda grande chance de dissociação da realidade. Também foi levado em consideração o fato que as despesas com Administração local podem ser efetivamente infladas por imposições contratuais, como a contratação de um número maior de engenheiros do que o realmente necessário.

Por fim, o presente modelo quer chamar a atenção para a necessidade de se focar as atividades de: orçamentação, licitação, contratação, fiscalização, controle e eventual perícia de obras públicas, em aspectos relativos ao superdimensionamento, subdimensionamento, má qualidade, falta de funcionalidade e a real necessidade do empreendimento, evitando a alocação de esforços de fiscalização em itens que não agregam valor ao empreendimento. Ressalta-se a importância de se focar as licitações e contratações nas exigências de capacidade financeira e na qualidade das garantias financeiras apresentadas.

9.2.1.2 Estrutura de BDI referencial

No intuito de apresentar uma proposta de taxa de BDI referencial de maior compreensão e assimilação foi utilizada estrutura semelhante às preconizadas pelo acórdão nº 325/07 — Plenário — TCU e da portaria de

---

[13] Ver método preconizado no Sistema de Custos Referenciais de Obras - SICRO 3 (em consulta pública) - http://www.DNIT.gov.br/servicos/sicro-3-em-consulta-publica.

n° 1.186/2009 do DNIT. Utilizando uma formulação clássica para o cálculo do BDI, que não é uma simples soma algébrica:

BDI = (Despesas indiretas) x (Despesas financeiras) x (Lucro) / (Impostos)

Existe uma convergência de entendimentos, porém na ótica da Criminalística, o mais apropriado era que as despesas diretas fossem todos os serviços prestados, que deixassem evidências físicas de sua execução, logo poderiam ser auditados em qualquer tempo e sem a necessidade de pesadas análises documentais, que podem ser fraudadas. Por essa ótica as despesas indiretas são as demais despesas para completar o custo de reprodução da obra.

Historicamente as despesas de Mobilização/desmobilização, construção do canteiro de obras e Administração local eram incorporados as taxas de BDI, que variavam de 20% a 30%. Todavia, com o passar dos anos a taxa de BDI começou a ser discretizada por parcelas (Lucro Bruto, Despesa financeira, Administração Central, etc.) e foram sendo atribuídos arbitrariamente grandes percentuais para despesas como: Administração Local e Mobilização/desmobilização, o que começou a elevar as taxas históricas de BDI.

Apesar da falta de consenso sobre o tema, alguns acórdãos do TCU, no intuito de garantir transparência e mitigar os pesados percentuais, foram determinando que as despesas de Implantação do Canteiro de Obras, Administração local e Mobilização/desmobilização fossem incorporadas ao custo direto. Com isso, a taxa "nominal" do BDI voltou a patamares históricos, porém o custo das obras continuou se elevando, principalmente nas obras de grande porte. Quando se simula a taxa de BDI como se essas despesas incluídas nas planilhas de custo direto retornassem ao BDI, as atuais taxas alcançam valores bem superiores às taxas históricas, valores que vão de 35% a 50%, mesmo para obras de grande porte.

O modelo simplificado proposto exigirá do orçamentista, como dado de entrada as seguintes variáveis:

> a) Valor do custo direto (CD) – deve ser considerado o valor do custo direto obtido das composições de preços unitários, aqui

tomados como referência orçamentos elaborados majoritariamente com serviços baseados nas composições e insumos do Sinapi (medianos) e Sicro (DNIT), ambos tidos como teto. O uso de outras referências pode tornar necessários ajustes nas curvas de interpolação propostas. Esse valor representará o porte da obra.

b) Localização da obra – deve ser considerada a distância rodoviária da obra ao centro urbano mais próximo com os meios produtivos disponíveis (o uso do Google Maps pode ajudar nessa tarefa). Foi considerada uma distância mínima de 50 quilômetros para o caso de obras dentro do centro urbano. Essa distância serve de parâmetro para a despesa de Mobilização/desmobilização.

c) SELIC – aplicar taxa Selic corrente como referência para as despesas financeiras.

d) ISS – inserir valor da alíquota a ser realmente cobrada nas futuras faturas. No modelo proposto, a título ilustrativo, é apresentado ajuste da alíquota do ISS considerando que o custo da mão-de-obra corresponde a 30% do custo total.

O modelo considera o efeito do porte da obra em curvas que interpolam em escala logarítmica os limites atuais para carta convite, tomada de preços e concorrência (Lei nº 8.666/93). Nisso é feito a devida diferenciação da taxa de BDI de obras de pequeno, médio e grande porte, diminuindo as discrepâncias e arbitrariedade no ajuste da taxa de BDI ao porte do empreendimento. Destaca-se que os estudos realizados até essa fase, demonstraram que o tipo de obra se mostrou uma variável de menor significância que as demais apresentadas, razão pela qual ela não é utilizada. As despesas que variam com o porte da obra são: a Administração local, Administração central (definida como 50% da local), o lucro bruto declarado e a Mobilização/desmobilização.

Quanto à taxa de lucro bruto declarado, essa está considerada como relativa a todas as demais despesas para composição do custo de reprodução do empreendimento, tais como IRPJ, CSSL, expectativa de inflação, etc. Ela foi batizada de declarada, pois a taxa de lucro real será apurada após a execução do empreendimento e dependerá do ajuste do custo direto à realidade.

Não se propõe inserir as despesas administrativas na planilha direta, devido à complexidade para a sua estimativa e pelo fato de que as tentativas desse tipo de previsão têm se mostrado dissociadas da realidade, ou pior, distorcendo-a. Isso porque as empresas têm formas de administrar e executar que justamente são o seu diferencial com relação às concorrentes.

Se uma empresa está acostumada a fazer obras com dois engenheiros e o edital/planilha estima que cinco são o mínimo, ele terá que contratar cinco profissionais para atender o edital, inflacionando a obra e recebendo lucro sobre salários desnecessários.

Inseridas as variáveis, o modelo fornece um valor de referência para taxa de BDI para custos diretos com e sem encargos sociais complementares.

9.2.1.3 Mobilização e desmobilização

Os custos com Mobilização/desmobilização são constituídos por despesas incorridas para a preparação da infraestrutura operacional da obra e a sua retirada no final do contrato:

• Transporte, carga e descarga de materiais para a montagem do canteiro de obra. Montagem e desmontagem de equipamentos fixos de obra, incluindo eventual aluguel horário de equipamentos especiais para carga e descarga de materiais ou equipamentos pesados que componham a instalação;

• Transporte do pessoal próprio ou contratado para a preparação da infraestrutura operacional da obra.

No presente trabalho foi parametrizado o custo de Mobilização/desmobilização em função do porte da obra, tendo como base a distância rodoviária da obra ao centro urbano com os meios produtivos (máquinas e equipamentos) mais próximos. Essa definição ainda exigirá do orçamentista um maior conhecimento do mercado, por meio de diligências (nem que por telefone), para confirmação de sua hipótese.

Cabe ressaltar que os custos com Mobilização/desmobilização inseridos na taxa de BDI evitam a antecipação de pagamentos e consequente superfaturamento. Essa definição ainda exigirá do orçamentista um maior conhecimento do mercado, por meio de diligências (nem que por telefone), para confirmação de sua hipótese.

9.2.1.4 Uso de encargos sociais complementares

Algumas planilhas de custo direto têm incluído despesas que podem ser associadas à taxa de encargos sociais. São itens relativos ao vale transporte, alimentação, botas, uniforme, equipamentos de proteção individual, dentre outras associáveis a mão-de-obra. Esse tipo de serviço é extremamente difícil de ser orçado e fiscalizado posteriormente, o que pode levar ao superfaturamento de despesas. A aplicação de um percentual na taxa de BDI é uma alternativa à tarefa hercúlea de orçar item a item essas despesas. Todavia, a proposta aqui apresentada sugere o uso de encargos plenos (soma dos encargos básicos com os complementares) aplicados sobre a mão-de-obra das composições de custo unitária. Isso, segundo estimativa da CEF/Gepad (Regional PB), elevaria a taxa de encargos sociais plenos horários de 122,4% para 155,8%. Essa mudança metodológica visa ajustar o custo dos encargos complementares ao percentual de representatividade da mão-de-obra no custo total. Nesse trabalho apresentam-se duas taxas de BDI referencial, uma onde se considera que o custo direto foi calculado com os encargos sociais plenos horários de 155,8% e outra para orçamentos que ainda sejam calculados com base na taxa de encargos sociais básicos horários de 122,4%.

9.2.1.5 Cálculo do canteiro de obras

A orçamentação do canteiro é um tema que também tem apresentado certa dificuldade aos órgãos públicos. O ideal é que se elabore um projeto detalhado do canteiro como parte do projeto. Nisso existe o risco de superdimensionamento ou subdimensionamento. Alguns órgãos optam por tratar a despesa com uma verba/conjunto ou percentual do total. Novamente, de uma forma ou de outra, a busca da eficiência e da associação às despesas reais são fundamentais.

Os custos diretos do canteiro de obras compreendem as seguintes instalações dimensionadas de acordo com o porte:

• Preparação do terreno para instalação do canteiro; Cerca ou muro de proteção e guarita de controle de entrada do canteiro; Construção do escritório técnico e administrativo da obra, constituído por: sala do engenheiro responsável, sala de reunião, sala do assistente administrativo, sala dos engenheiros, sala de pessoal e recrutamento, sala da fiscalização, entre outros; Sala de enfermaria, almoxarifado, carpintaria, oficina de ferragem, dentre outros; Vestiários, sanitários, cozinha e refeitório; oficina de manutenção de veículos e equipamentos; alojamento para os empregados; placas da obra, dentre outras.

Em resumo, o custo de implantação do canteiro de obras poderia ser parametrizado e inserido como parte da taxa de BDI, conforme ocorria em orçamentos da década de 1990. Todavia, se optou por sugerir a inserção dessa despesa na planilha de custo direto pela sua associação às demais etapas da obra (consumo de mão-de-obra e insumos) e também para destacar que os materiais aplicados no canteiro que forem pagos pala Administração são de sua propriedade. Logo, a Administração deve exercer o direito de avaliar materiais reaproveitáveis e descartar o que não for útil, como entulho de obra (despesa inclusa na limpeza final).

9.2.1.6 Modelo Matemático da taxa de BDI referencial

Apresentado a seguir tela da planilha tipo Excel para cálculo da taxa de BDI referencial:

Tabela 3 - Modelo orientativo para estimativa da taxa de BDI para Obras Públicas orçadas predominantemente com preços e composições baseados no Sicro e Sinapi*

Custo Direto - CD com encargos complementares de 155,80% (R$) *******	15.000	150.000	1.500.000	15.000.000	150.000.000
Grupo A - Despesas Indiretas – DI					
Administração Local – AL	6,00	5,75	5,50	5,25	5,00
Administração Central - AC ***	3,00	2,88	2,75	2,63	2,50
Seguro de Responsabilidade Civil / Garantia	0,97	0,97	0,97	0,97	0,97
Risco de Engenharia / Imprevistos	0,21	0,21	0,21	0,21	0,21
Mobilização e desmobilização (100 km)	3,20	1,60	0,80	0,40	0,20
Sub-total Grupo A	**13,38**	**11,41**	**10,23**	**9,46**	**8,88**
Grupo B – Benefício					
****** Lucro Bruto Declarado (%)	7,00	6,75	6,50	6,25	6,00
Sub-total Grupo B	**7,00**	**6,75**	**6,50**	**6,25**	**6,00**
Grupo C – Impostos					
PIS	0,65	0,65	0,65	0,65	0,65
COFINS	3,00	3,00	3,00	3,00	3,00
ISS / ISSQN ****	1,05	1,05	1,05	1,05	1,05
Sub-total Grupo C	**4,70**	**4,70**	**4,70**	**4,70**	**4,70**
Grupo D (incluído)					
Despesas Financeiras	0,85	0,85	0,85	0,85	0,85
Sub-total Grupo D	**0,85**	**0,85**	**0,85**	**0,85**	**0,85**
BDI TOTAL estimado com um custo direto - CD com encargos complementares de 155,80%**	**28,38%**	**25,85%**	**24,23%**	**23,07%**	**22,13%**

Tabela 4 – Células para inserção dos dados de entrada e apresentação dos dados de saída

Modelo orientativo para estimativa da taxa de BDI para Obras Públicas orçadas, predominantemente, com preços e composições baseados no Sicro e Sinapi *	Coluna de cálculo do BDI	Fórmulas, observações, campos de entrada e saída	
Custo direto - CD com encargos complementares de 155,80% (R$) *******	170.000,00		
Grupo A - Despesas Indiretas - DI			
Administração Local – AL	5,73	=-0,109*LN(CD)+7,044	
Administração Central - AC ***	2,87	=AL*0,50	
Seguro de Responsabilidade Civil / Garantia	0,97	Fixo	
Risco de Engenharia / Imprevistos	0,21	Fixo	
Mobilização e desmobilização (100 km) *****	1,54	=57,84672*CD^-0,30103*(DIST/100)	
Sub-total Grupo A	**11,32**	100	DIST(km)
Grupo B – Benefício			
****** Lucro Bruto Declarado (%)	6,73	=-0,109*LN(CD)+8,044	
Sub-total Grupo B	**6,73**		
Grupo C – Impostos			
PIS	0,65	Fixo	
COFINS	3,00	Fixo	
ISS / ISSQN ****	1,05	ISS (%)	3,5
Sub-total Grupo C	**4,70**		
Grupo D (incluído)			
Despesas Financeiras	0,80	Selic (%)	10
Sub-total Grupo D	**0,80**		
BDI TOTAL** estimado com um custo direto da obra - CD com encargos complementares de 155,80%	**25,66%**	=((1+A)*(1+B)*(1+D)/(1-C))-1	
* A atual proposta visa o uso dos preços de referência pelo teto dos sistemas oficiais de custo (mediana do Sinapi, etc)	213.629,54	Preço total - BDI com uso dos encargos complementares (R$)	

** A estimativa aqui apresentada não exime o orçamentista da análise de compatibilidade com o mercado no caso concreto. Sugere-se que o uso de taxas de BDI superiores aos valores aqui apresentados, sejam acompanhados de relatórios circunstanciados com o detalhamento das justificativas para extrapolação.	4,23%	Percentual estimado de acréscimo da taxa de BDI no caso de orçamentos com base em CD sem o uso dos encargos complementares sobre a mão-de-obra
*** O custo da Administração Central foi estimado como sendo equivalente a metade do custo com a Administração Local	30,98%	BDI TOTAL** estimado com um custo direto da obra - CD sem encargos complementares
**** Com relação ao ISS, se deve estudar o real percentual a ser pago no caso concreto. No caso está sendo aplicada a alíquota sobre 30% do custo (percentual de mão-de-obra estimado).	222.669,11	Preço total - BDI sem uso dos encargos complementares (R$)

Quanto a eventuais necessidades de termos aditivos, sugere-se as seguintes abordagens:

- Administração local e central – em aditivos quantitativos deve ser glosada da taxa de BDI sobre a quantidade excedente;

- Administração local e central – em aditivos de prazo, cabe à contratada demonstrar o efetivo acréscimo de custos, sempre parametrizado com os valores da taxa de BDI original; e

- Mobilização/desmobilização – em aditivos decorrentes de paralisações motivadas pela Administração, cabe à contratada demonstrar o efetivo acréscimo de custos, sempre parametrizado com os valores da taxa de BDI original, não eximindo uma análise de responsabilidades dos agentes públicos que derem ensejo à paralisação imprevista.

9.2.1.7 Contemporaneidade dos orçamentos

A aplicação dessa metodologia nas análises de orçamentos de obras realizadas pelos peritos criminais federais de Engenharia da PF deve ser sempre realizada mediante reconstituição da estrutura da planilha orçamentária questionada. Isto quer dizer que se evita alterar a planilha, salvo omissões. Assim, deve-se usar o método do custo de reprodução sempre à luz do estado da arte na época dos fatos: isso é o que se denomina de compatibilização temporal.

O uso do presente método, em obras pretéritas, deve ser feito com cautela, com maior aplicação na simulação de cenário paralelo, já que a comparação de resultados de orçamentos antigos analisados, à luz, de modernos conceitos de orçamentação, pode levar a conclusões dissociadas das práticas então vigentes. Essa ponderação exige experiência e boas referências técnicas para evitar distorções. Como, por exemplo, orçar valores atuais e retornar por índice inflacionário que distorça muito os valores reais. Logo, o custo de reprodução deve ser calculado na data-base dos contratos.

Essas orientações são apenas norteadoras. Ressalta-se que é fundamental não proceder a uma análise puramente matemática, sendo necessário contextualizá-la nos aspectos construtivos e de relevância envolvidos. A estimativa aqui apresentada não exime o orçamentista da análise de compatibilidade com o mercado no caso concreto. Sugere-se que, se o gestor considerar devido o uso de taxas de BDI superiores aos valores aqui apresentados (para qualquer um dos parâmetros – AL, AC, etc.) que essa taxa de BDI seja acompanhada de relatório circunstanciado com o detalhamento das justificativas para incremento da referência. E que essas despesas sejam efetivamente fiscalizadas e controladas posteriormente, vislumbrando a possibilidade de glosa de despesas não realizadas.

Espera-se, contudo, que esse trabalho, apresente subsídios que simplifiquem a atuação do Agente Público na elaboração de orçamentos de obras e sua fiscalização, sem prejuízo da boa técnica orçamentista e da economicidade dos orçamentos resultantes.

9.3   Determinação do Custo Real

Os órgãos de controle de recursos públicos (Congresso Nacional, TCU e CGU) têm adotado nas suas análises os sistemas de referência de preço, Sinapi e Sicro, para a busca do devido preço de referência para as licitações.

As investigações criminais se utilizam desses mesmos referenciais, todavia como o objetivo criminal está muito mais à busca do custo real, do que no atendimento às tabelas de custos oficiais, vislumbra-se uma abordagem diferente em algumas situações concretas.

A prática tem demonstrado que esses sistemas de preço são conservadores, ou seja, são referência máxima (mais elevada), o que é relativamente adequado aos objetivos da investigação criminal, que é a materialização do superfaturamento. Todavia, com o aumento do porte das obras, o uso puro dos sistemas de referência de preço tem-se mostrado ineficiente para a estimativa do preço real das construções. Os dados obtidos, em buscas e apreensões e outras formas de consulta a dados verdadeiros, têm demonstrado esse fato sistematicamente. A explicação para esse problema se deve, principalmente, aos seguintes fatores:

a) Fatores de produtividade minorados nas composições;

b) Fatores de majorações dos consumos dos insumos nas CPUs;

c) Fatores indevidos (erros, inclusões de insumos desnecessários, etc.);

d) Fatores de ajuste de expectativas de gastos com encargos sociais;

e) Fatores de ajuste para compras em atacado (efeito barganha);

f) Fatores de ajustes a erros nas cotações de preços realizadas (efeito cotação).

A falta de consideração desses fatores, que em obras de menor porte é muito mais tolerável, tem levado a discrepâncias significativas principalmente em grandes obras. Se a diferença entre o custo real e os oriundos dos sistemas de referência resultar num custo de reprodução adotado muito diferente ao real, pode levar à falha de todo o método aqui proposto, ver figura 8.

Figura 6 - Diferença entre custo real e o custo de reprodução adotado

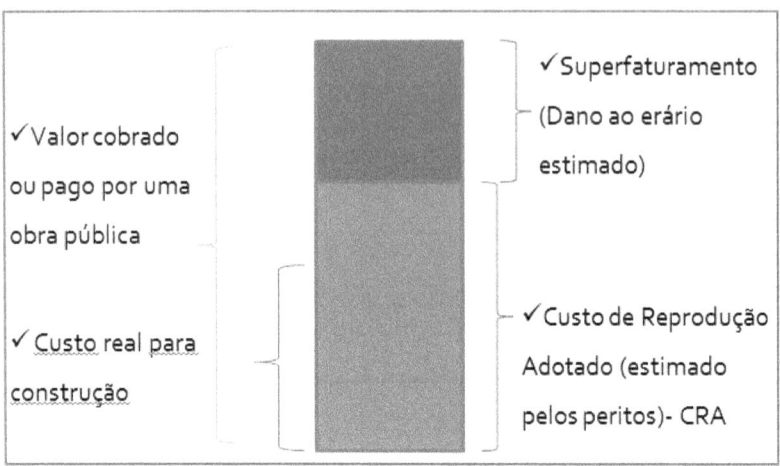

O ideal e natural, seria que cada órgão público fosse aplicando fatores de correção de preço nas suas grandes licitações, como base na experiência das margens obtidas em processos licitatórios passados, nem que de forma paulatina (3%, 6%, 9%, 12%, etc.), gradativamente eliminando a diferença entre a estimativa com base em tabelas de preço e o custo real. Nesse processo a variação do porte da obra se mostra como uma das mais representativas.

Esse tema tem sido estudado pelos peritos criminais federais no sentido de que seja apresentada uma solução para o ajuste do preço das obras na busca do real preço de mercado e consequente definição dos seus custos reais. Nesse sentido, o estudo de notas fiscais de compra (preços realmente pagos) e de histórico de licitações, sem restrições de caráter competitivo, além de informações obtidas em buscas e apreensões policiais, se mostra uma via frutífera.

9.4 Cálculo de Superfaturamento por Sobrepreço Final (Sobrepreço Original e/ou "Jogo de Planilha")

Essa parcela de superfaturamento se refere ao valor pago em excesso ou a menor devido aos sobrepreços/subpreços **medidos** pela contratada e/ou "jogo de planilha".

Para o cálculo dessa parcela, utiliza-se o somatório das diferenças entre os preços medidos e os preços de referência coletados no mercado, multiplicados pelos quantitativos levantados no exame de local.

$$SF_{PT} = \sum \left(\Delta P \cdot Q_P \right) \quad \text{(R\$)}$$

$$SF_{PT} = \sum \left[\left(P_M - P_P \right) \cdot Q_P \right]$$

Equação 10 - Superfaturamento devido ao sobrepreço final (original e "jogo de planilha") em R\$

Onde:

SF_{PT} Superfaturamento devido ao sobrepreço final (original e "jogo de planilha")

Q_P Quantidade da perícia (ênfase no exame de local)

P_M Preço unitário dos serviços medidos ou pagos

P_P Preço unitário de referência (Perícia)

Caso tenha havido substituição e/ou inclusão de novos serviços, a quantidade da perícia é zerada e não é criada linha adicional para o item que substituiu o serviço. Isso se deve ao fato que a análise de superfaturamento por quantidades já fornece o superfaturamento total para esse tipo de situação.

Para calcular a parcela de superfaturamento devido ao sobrepreço final (original e ao "jogo de planilha"), em termos percentuais, utiliza-se a seguinte equação:

$$SF_{PT}(\%) = \frac{SF_{PT}}{CR}$$

Equação 11 - Cálculo do percentual do Superfaturamento devido ao sobrepreço final (original e "jogo de planilha")

Onde:

SF_{PT} Superfaturamento devido ao sobrepreço final (original e "jogo de planilha")

CR Custo de reprodução da obra executada

Caso se opte definitivamente pela não realização do exame de local, isto é, tal exame não será realizado posteriormente em outra etapa, ou, ainda, que se queira uma apuração parcial do valor total do superfaturamento, pode ser calculado o superfaturamento homologando-se as quantidades medidas e aplicando-se o preço de referência da perícia. Tem-se, então, uma parcela de superfaturamento devido ao preço e "jogo de planilha", considerando as quantidades medidas (SF_{PTM}), que será igual ou inferior ao superfaturamento total, pois nessa etapa não serão verificados os aspectos de quantidade e qualidade.

Com o resultado obtido, recomenda-se priorizar as seguintes análises, caso os dados necessários estejam disponíveis:

a) No caso em que o percentual calculado como sobrepreço seja **superior a 10%,** considere-se a ocorrência da prática de sobrepreço global, salvo casos justificados tecnicamente. O princípio adotado é que, em face das imprecisões intrínsecas a cada método de orçamentação, não se deve, a princípio, imputar sobrepreço para percentuais inferiores a 10%, salvo na análise de preços unitários extremos (método dos preços extremos) proposta a seguir (item b). Nada impede que o perito, analisando o caso concreto, possa adotar, a seu livre critério, um percentual maior para caracterização de sobrepreço, elevando assim a margem de segurança da sua análise.

b) Se o percentual calculado como sobrepreço for menor que 10%, entende-se que é uma região de dúvida e que deverá ser feita uma nova análise de preços unitários para identificar a origem do sobrepreço/subpreço original de algum item específico, em busca de potenciais serviços causadores de futuro "jogo de planilha". Assim, deverá ser chamada a atenção, textualmente, para os itens onde forem verificados **preços unitários divergentes em mais ou menos 30%, ou outro valor a critério do perito, aos preços tidos como de mercado, considerados assim, preços unitários extremos, ou naqueles em que uma análise estatística mais apurada aponte irregularidades**. O valor monetário advindo dessa análise, poderá ser a critério do perito, em função da relevância dos itens e demais aspectos, porventura, observados, considerado como sobrepreço ou subpreço. O valor a ser adotado deverá ser o menor entre o aqui obtido e aquele oriundo da análise realizada na alínea "a". Essa e outras considerações poderão levar à obtenção de um Custo de Reprodução Adotado (CRa), que pode ser diferente do Custo de Reprodução puro (CR), que na prática não tem influência nos cálculos propostos, mas será o somatório dos valores considerados devidos para pagamento.

c) A utilização de projetos padrões de órgãos ou empresas idôneas, como, por exemplo, a CEF através do Sistema Sinapi, é recomendada numa verificação preliminar, quando não existam dados suficientes ou, ainda, no caso de reforço da argumentação de uma análise pormenorizada. Eles podem servir de parâmetro sempre que se tratar de obras com semelhanças inegáveis, podendo ser usados índices mais genéricos, como o CUB, apenas quando todos os outros recursos não forem viáveis.

d) Quando se concluir que houve superfaturamento por sobrepreço pela aplicação da metodologia exposta, faz-se interessante reforçar a tese com base no conceito de **obras paradigmas**, ou seja, obras, ou serviços com características iguais, ou superiores às questionadas que possuam preço manifestamente inferior.

Essa mesma análise deverá ser realizada para verificar se já não havia sobrepreço no início do contrato, independente de sua execução (medições), identificado como sobrepreço original, realizando o somatório de a diferença entre os preços contratados e de referência multiplicados pelas quantidades contratadas, análogo às equações anteriores.

Todas essas análises devem levar em consideração as peculiaridades técnicas e financeiras da obra sob exame. Além disso, devem ser considerados os níveis de detalhamento dos orçamentos e preços questionados, bem como, também, é importante se considerar as referências históricas de orçamentação (revistas especializadas, publicações do Sinduscon, dentre outras pertinentes), para a emissão de conclusões da análise de sobrepreço. Dessa forma, os percentuais aplicáveis nas análises de sobrepreço poderão ser menos restritivos aumentando o grau de precisão da análise.

Cabe esclarecer que esses valores percentuais de tolerância são orientações iniciais, bem conservadoras, e que, na prática, se aplicam à grande maioria dos casos. Todavia, podem ser estendidos, a mais ou a menos, em função do caso concreto abordado.

Mesmo quando pela metodologia proposta não for caracterizada a prática de sobrepreço, é fundamental apresentar o percentual encontrado de modo a subsidiar os casos em que a investigação, por outros meios, detecta que o desvio acertado entre os criminosos era de pequena monta ou pulverizado em várias licitações, por exemplo. Além disso, será possível fazer as análises de superfaturamento por "Jogo de Planilha".

Destaca-se, ainda, que o percentual inicial de 10% (dez por cento), para as análises propostas, é um referencial que tem por base os seguintes fatores:

a) As baixas taxas de inflação da era Pós- PLANO REAL (1994 em diante);

De fato, a estabilidade da moeda brasileira, nos últimos anos, permitiu um controle maior dos gastos públicos e consequente criação de bancos de dados de referência efetivos, como por exemplo, www.obrasnet.gov.br, www.comprasnet.gov.br e portal da transparência da Controladoria Geral da União (CGU).

b) Eventuais imprecisões nas planilhas orçamentárias praticadas pelos órgãos públicos, em especial as pequenas prefeituras;

A falta de qualidade dos projetos de obras de engenharia e outras contratações na esfera da Administração pública tem sido constante, seja por incompetência ou mesmo má-fé dos agentes públicos. Nesse cenário, para uma justa e correta análise de sobrepreço, faz-se necessário ampliar a tolerância dos referenciais de sobrepreço adotado, em casos dessa natureza.

A forma adequada, embora mais trabalhosa, de ajustar esse problema, é fazer uma avaliação criteriosa dos principais serviços e materiais faltantes nas planilhas, de forma a bem orçar o projeto questionado e permitir a devida comparação entre orçamentos.

c) O fato de que a diferença média global calculada em série histórica de insumos, com relação aos seus preços medianos e ao 3º quartil, é quase sempre inferior a 10% (dez por cento) e individualmente inferior a 30% (trinta por cento);

Cita-se, a título ilustrativo, uma comparação de preços de insumos orçados pelo Sinapi, Praça Rio Branco/AC, junho/2001, ver figura 9, com preços no 1º, 2º (mediano) e 3º quartis, onde se constatam diferenças entre o preço do 3º quartil (valor mais elevado disponível no Sinapi) e o valor mediano do Sinapi de 0,0% (zero por cento) , para o cimento asfáltico de petróleo a granel 50/60 (CAP 20); de 26,7% (vinte e seis vírgula sete por cento) para tábua de madeira de 3ª qualidade; de 5,8% (cinco vírgula oito por cento) para o cimento portland CP-32 e de 18,1% (dezoito vírgula um por cento) para tinta látex PVA.

Figura 7 - Preços de insumos coletados no Sinapi (Rio Branco/AC, junho/2001), com preços no 1° quartil, 2° quartil (mediano) e 3° quartil

11109 CIMENTO ASFALTICO DE PETROLEO A GRANEL 30/45(CAP 40)	KG	2	0,69	0,69	0,69
0497 CIMENTO ASFALTICO DE PETROLEO A GRANEL 50/60(CAP 20)	T	1	607,01	607,01	607,01
0498 CIMENTO ASFALTICO DE PETROLEO A GRANEL 85/100(CAP 7)	T	2	648,69	648,69	648,69
1380 CIMENTO BRANCO	KG	2	2,30	2,32	2,47
1371 CIMENTO CRISTALIZANTE TP K11 HEY'DI VIAPOL (SEM EMULSAO ADES	KG	1	1,01	1,01	1,01
IVA) OU EQUIV					
1379 CIMENTO PORTLAND CP-320	KG	2	0,34	0,34	0,36
10511 CIMENTO PORTLAND CP-320	50KG	1	16,77	17,00	18,00
1382 CIMENTO POZOLANICO - 32	50KG	2	15,85	16,06	17,01
0938 FIO RIGIDO, ISOLACAO EM PVC 450/750V 1,5MM2	M	2	0,14	0,15	0,16
0943 FIO RIGIDO, ISOLACAO EM PVC 450/750V 1MM2	M	2	0,11	0,12	0,12
0937 FIO RIGIDO, ISOLACAO EM PVC 450/750V 10MM2	M	2	0,84	0,92	0,93
0928 FIO RIGIDO, ISOLACAO EM PVC 450/750V 16MM2	M	1	1,42	1,53	1,57
0939 FIO RIGIDO, ISOLACAO EM PVC 450/750V 2,5MM2	M	2	0,21	0,22	0,23
0944 FIO RIGIDO, ISOLACAO EM PVC 450/750V 4,0MM2	M	2	0,34	0,36	0,37
3799 LUMINARIA CALHA SOBREPOR EM CHAPA ACO C/ 2 LAMPADAS FLUORESC	UN	2	32,99	33,65	35,62
ENTES 40W (COMPLETA, INCL REATOR PART RAPIDA E LAMPADAS)					
3812 LUMINARIA CALHA SOBREPOR EM CHAPA ACO C/ 3 LAMPADAS FLUORESC	UN	2	50,06	51,06	54,04
ENTES 20W (COMPLETA, INCL. REATOR PART RAPIDA LAMPADAS)					
3786 LUMINARIA CALHA SOBREPOR EM CHAPA ACO C/ 3 LAMPADAS FLUORESC	UN	2	47,53	48,48	51,31
ENTES 40W (COMPLETA, INCL. REATOR PART RAPIDA E LAMPADAS)					
3785 LUMINARIA CALHA SOBREPOR EM CHAPA ACO C/ 4 LAMPADAS FLUORESC	UN	2	52,33	53,38	56,43
ENTES 20W (COMPLETA, INCL. REATOR PART RAPIDA E LAMPADAS)					

Percebe-se que os produtos que possuem mais fabricantes e revendedores, ou, ainda, qualidade variável, têm seu preço oscilando com maior amplitude, sendo que, para os insumos cujos fabricantes e revendedores são em menor número, ou são mais padronizados, a oscilação de preço é menor.

Assim, se formos proceder a análise individual dos itens citados é importante uma amplitude maior ou menor de tolerância a depender do insumo, tendo-se o valor de 30% (trinta por cento) que é bem conservador. Já na análise global, uma variação inicial de 10% (dez por cento) é também conservadora, a depender da qualidade e quantidade de informações, conforme já exposto anteriormente, podendo até ser dispensada em alguns casos de obras de grande porte.

É importante ressaltar que as diretrizes, acima são recomendações para análises periciais, pois na elaboração de orçamentos para contratação de obras, deve-se estipular como teto, no máximo, os valores dos serviços já previstos no Sinapi/Sicro, conforme LDOs e acórdãos do TCU, quando não valores ainda mais inferiores devidamente ajustados ao porte da obra.

9.5   Casuística Policial

A casuística policial e relatos históricos, a maioria, atualmente, elaborados por coberturas jornalísticas — que, quando feitas com seriedade e ética, contribuem muito para o processo de democratização do Brasil — demonstram que a cobrança de propinas, da ordem de 10% (dez por cento) ou superiores, para a liberação do pagamento de faturas é fator recorrente na Administração Pública Brasileira. Como exemplos dessa realidade destacam-se informações oriundas das séries de reportagens da *Revista Isto É* sobre a Operação Navalha da Polícia Federal. De acordo com documento apreendido, ver Figura 10, os percentuais de propinas podem ser pequenos a depender do valor total da obra, sendo que nesse caso os percentuais variavam de 0,25% (zero vírgula vinte e cinco por cento) a 8% (oito por cento) por pessoa:

Figura 8 - Anotação manuscrita com percentuais de propina pagos –

Fonte: *Revista Isto É* do dia 30/05/2007

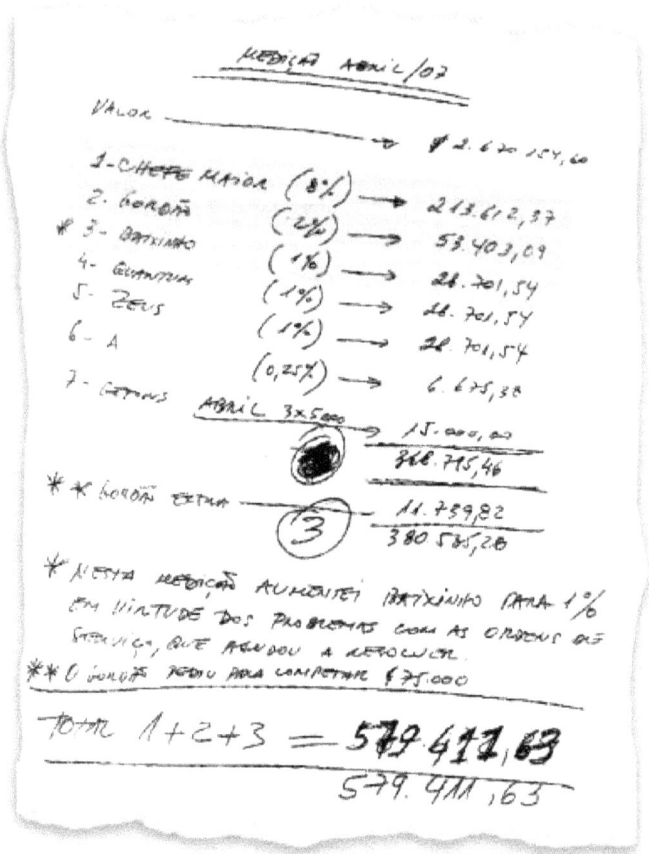

    É importante destacar, que os referenciais oficiais de preço (Sinapi, Sicro, etc.), em alguns casos, têm dificuldades em refletir os preços "reais" de mercado, ou seja, o preço efetivamente correspondente ao custo das construtoras e seus fornecedores. Em alguns casos, raros, o preço real de um ou outro insumo pode até ser superior, mas na maioria das vezes será menor, ainda mais, se for considerado o fator de escala, o poder de negociação dentre outros fatores redutores do preço.

Na defesa de investigados não é raro o questionamento da precisão dos métodos periciais. Quando se efetivam buscas e apreensões policiais é possível saber a real diferença entre os preços contratados e os praticados pelas construtoras investigadas. O confronto dessas informações, com as estimativas realizadas, pelas tradicionais técnicas de engenharia de custos aplicadas nos laudos periciais, tem demonstrado a acurácia do trabalho pericial, em detectar práticas de superfaturamento em contratos administrativos.

Esse tipo de validação do método pericial tem servido de base para modernos estudos, visando o aumento da precisão das análises físico-financeiras. A análise documental é tarefa fundamental desse processo. Na figura 11, apresenta-se extrato de planilha, que demonstra uma aplicação do método do desconto, para estimativa de valor superfaturado. Nada, além disso, precisa ser feito pelo perito, ou seja, identificar a dinâmica das fraudes e proceder a sua estimativa.

Figura 9 - Extratos de documentos apreendidos na Operação Navalha –

Fonte: *Revista Isto É* do dia **30/05/2007**

ITEM	DESCRIÇÃO	UNID	PREÇO EMPREIT	PREÇO GAUTAM	QUANT. REAL	QUANT MEDIDA	VLR. PG	VLR. MEDIDO	DIFERENÇA
1.0	Execução de serviços de terraplanagem								
1.01	Desmatamento, destocamento e limpeza de árvore até 0,15m	m²	0,24	0,35	68.550,00	80.010,00	16.454,40	28.003,50	11.549,10
1.02	Remoção de expurgo DMT de 0 a 2km	m³	5,62	6,05	4.900,00	2.700,00	27.538,00	21.735,00	-5.803,00
1.03	Escavação, carga e transporte de mat. De 1ª cat. em DMT=2000 a 3000m (BASC)	m³	5,62	10,94	54.471,00	92.522,72	306.127,02	1.012.198,56	706.071,54
1.01	Corpo do BTU d=1,5m	m	50,00	624,87	154,00	161,00	7.700,00	100.620,17	92.920,17
							R$	1.037.610,82	

LIÇÃO DE SUPERFATURAMENTO No documento da Gautama, a prova de como a empreiteira inflou as medições de uma obra no Maranhão, chegando a receber mais de R$ 1 milhão de diferença

Os procedimentos dos peritos criminais federais se resumem a identificação do *modus operandi* das quadrilhas, ver Figura 11, e com isso podem proceder ao cálculo da estimativa de superfaturamento de cada contrato investigado, ver figura 12. Importante destacar que apesar do vasto conjunto de provas de práticas ilícitas apontadas na Operação Navalha, ou em qualquer outra, não se deve imaginar que determinado indivíduo, ou empresa é o responsável maior pelas irregularidades constantemente identificadas em obras públicas. São apenas reflexos de uma antiga tradição político-social do uso dessas contratações para desvio de recursos públicos; logo, o tratamento mais eficaz seria a mudança dessa cultura nem que, a partir de dispositivos legais de controle, a ação pontual de operações policiais apesar de extremamente valorosas e didáticas, por si só não evitará a repetição dessas condutas. Nessa perspectiva é que esse livro foi elaborado, com o intuito de servir como uma das bases dessa necessária mudança.

Figura 10 - Extrato de laudo pericial com constatação de superfaturamento – Fonte: www.istoe.com.br/reportagens

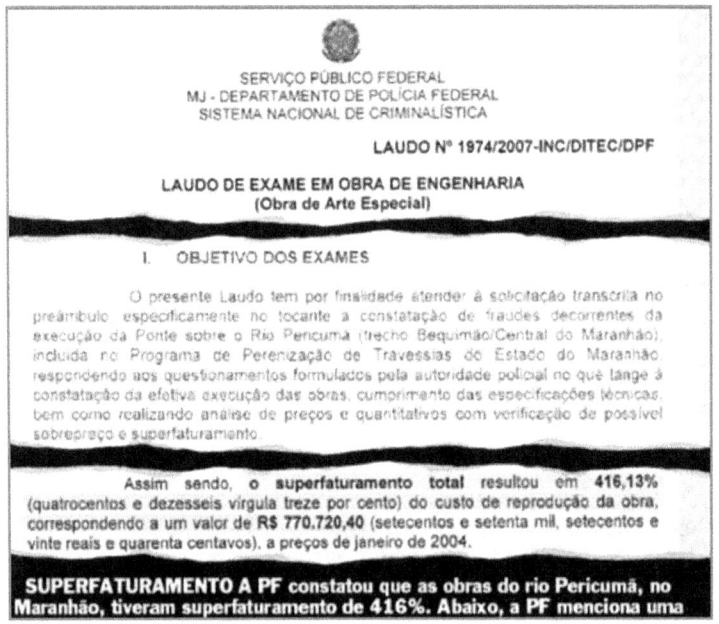

9.6 Cálculo de Superfaturamento por Sobrepreço Original

Os cálculos apresentados no capítulo dedicado ao sobrepreço final, resultam em valores onde se encontram embutidos (somados) o superfaturamento por sobrepreço original e por "jogo de planilha". Subtraindo-se o superfaturamento exclusivamente devido ao "jogo de planilha" cujos procedimentos encontram-se descritos em capítulo específico, do superfaturamento devido ao sobrepreço final, tem-se o superfaturamento devido apenas ao sobrepreço (exclusivamente devido aos preços originais), isto é:

$$SF_P = SF_{PT} - SP_{JP}$$

Equação 12 - Cálculo do Superfaturamento devido ao sobrepreço original em R\$

Onde:

SF_P Superfaturamento devido ao sobrepreço original

SF_{PT} Superfaturamento devido ao sobrepreço final (original e "jogo de planilha")

SF_{JP} Superfaturamento devido ao "jogo de planilha"

Em termos percentuais, o superfaturamento devido ao sobrepreço original será obtido a partir do custo de reprodução, isto é:

$$SF_P(\%) = \frac{SF_P(R\$)}{CR}$$

Equação 13 - Cálculo do percentual de Superfaturamento devido ao sobrepreço original

Onde:

SF_P Superfaturamento devido ao sobrepreço original

CR Custo de reprodução da obra executada

Recomenda-se, que os critérios adotados na análise dessa parcela de superfaturamento sejam os mesmos utilizados para o sobrepreço final, por se tratar da mesma matéria.

Cabe ressaltar que, caso o resultado final assim calculado seja negativo, não deverá ser considerada essa parcela de subfaturamento, uma vez que, se trata da vantagem (desconto) que a Administração obteve com o processo licitatório.

9.7   Abrangência das Análises

As planilhas de orçamento de obras públicas podem ter milhares de itens, porém podem ser estudadas com razoável precisão, focando-se os principais serviços responsáveis pelos maiores custos. Assim baseado na relevância do serviço questionado, essa e outras análises podem ser feitas utilizando-se a técnica da **Curva ABC** cuja referência pode ser o grupo de itens representativos de **70% (setenta por cento)** do montante total do custo da obra questionada. Nas análises globais, os preços dos demais itens podem ser homologados para efeito de cálculo de superfaturamento. Essa forma de cálculo se mostra conservadora, resultando em regra, em parcelas de superfaturamento iguais ou inferiores àquelas realmente ocorridas, o que pode ser ajustado, pelo menos a título de cenário, pelo uso de extrapolação estatística de serviços da mesma natureza. O foco evita a prolongação dos exames periciais por tempo excessivo, haja vista que há enorme dificuldade para definição de preços de referência de alguns serviços ou materiais. A respeito desse aspecto, o TCU se manifestou no Processo n° TC-006.653/2000-4 - Acórdão n° 1.777/2004-Plenário, transcrito da publicação "Vade-Mécum de Licitações e Contratos", de Jorge Ulisses Jacoby Fernandes (grifo nosso):

> "[...] A unidade técnica esclarece que seriam necessários uma série de ajustes nas composições de custos do sistema Sicro, de modo a adequá-lo às condições da obra. Para tanto seria preciso determinar os preços de todos os insumos na época da licitação. Como o Sicro anterior a out/2000 não disponibiliza os preços individualizados dos insumos, bem como do custo dos equipamentos e serviços auxiliares, não foi possível utilizar os preços do referido sistema de custos para todos os serviços do contrato. Assim, a Secex entende que a precisão do débito calculado poderia ser questionada, já que não era possível confrontar todos os preços unitários contratados. Diante desses argumentos, conclui pela inviabilidade de quantificação do débito. Discordo, com a devida vênia, desse posicionamento, pois **observo que essa Corte de Contas tem quantificado débito em situações análogas, por meio da adoção de métodos de cálculo conservadores, de modo a assegurar que não seja cobrado dos responsáveis valores maiores do que os efetivamente devidos**. A título de exemplo, cito a Decisão 1451/2002 e os Acórdãos 1926/03 e 1923/03. Ademais, apesar de desejável a comparação de todos os preços unitários contratados, **entendo ser adequada a quantificação de débito com base numa amostra significativa de serviços, na medida em que essa metodologia é amplamente utilizada nos processos de obras apreciados por esse Tribunal**. Dessa forma, **assegura-se o ressarcimento de valores manifestamente indevidos calculados sobre o montante representativo do valor total do contrato**. Assim sendo, é fundamental a apuração dos indícios de elevado sobrepreço (118%) detectado mediante uma análise conclusiva dos preços unitários contratuais, levando-se em conta todos os ajustes necessários do sistema Sicro. Para tanto, acredito ser mais indicado a formação de um processo apartado específico para apuração desta irregularidade, visto que sua confirmação não provocará efeitos sobre as demais irregularidades tratadas nos autos."

10 SUPERFATURAMENTO POR "JOGO DE PLANILHA"

O contrato administrativo representa um acordo de vontades que gera direitos e obrigações recíprocos para as partes envolvidas. Ele apresenta basicamente dois tipos de cláusulas: as de serviço, ou regulamentares e as econômico-financeiras, ou, simplesmente, financeiras. As primeiras[14] dizem respeito à forma de execução, quantidades e condições dos serviços, podendo ser alteradas unilateralmente pela Administração Pública. Já as cláusulas financeiras[15], que dispõem sobre o preço, as condições e critérios de pagamento, data-base e periodicidade de reajustamento, são inalteráveis, salvo por acordo entre as partes.

As cláusulas de serviço ou regulamentares representam basicamente o objeto contratual pactuado, ou seja, as obrigações assumidas pelo contratante no momento do ajuste, cujas compensações econômicas encontram-se então definidas pelas cláusulas financeiras do contrato. Portanto, tal como uma balança equilibrada, a relação de igualdade entre as cláusulas de serviços e financeiras (serviços x preços), originárias de um regular processo licitatório, representam o equilíbrio econômico-financeiro do contrato, o qual deve ser resguardado até o final da execução contratual.

O superfaturamento aqui denominado por desequilíbrio econômico-financeiro trata-se do conhecido "jogo de planilha", que ocorre quando há o rompimento do equilíbrio econômico-financeiro inicial do contrato, em desfavor da Administração, por meio da alteração das cláusulas de serviço (mudanças de quantitativos, trocas de serviços, etc.) e/ou das cláusulas financeiras (mudanças de preços dos serviços, prazos de pagamento, reajustamentos, etc.) durante a execução da obra. À ocorrência de desequilíbrio econômico-financeiro prejudicial à Administração Pública, através de mudanças no contrato, sem amparo legal, é considerado crime, de acordo com o Art. 92 da Lei 8.666/93:

> *"Art. 92. Admitir, possibilitar ou dar causa a qualquer modificação ou vantagem, inclusive prorrogação contratual, em favor do adjudicatário,*

---

[14] Lei 8.666/93, Art. 65
[15] Lei 8.666/93, Art. 58 § 1º

durante a execução dos contratos celebrados com o Poder Público, sem autorização em lei, no ato convocatório da licitação ou nos respectivos instrumentos contratuais, ou, ainda, pagar fatura com preterição da ordem cronológica de sua exigibilidade, observado o disposto no art. 121 desta Lei:
Pena - detenção, de dois a quatro anos, e multa."

Nesse ponto os métodos de cálculos vão variar. Se o ambiente inicial for de sobrepreço original, se aplicará o cálculo com base no método do balanço (referência Acórdão nº 583/2003 – Plenário – TCU), onde as consequências financeiras serão medidas em função de um confronto entre os preços da contratada com os valores de mercado.

Já em ambiente de subpreço original se aplicará o cálculo com base no método do desconto (referência Acórdão nº 1755/2004 – Plenário – TCU), onde as consequências financeiras serão medidas em função de uma análise do desconto original e o do equilíbrio final do contrato estimado pelos peritos. Para isso, é fundamental determinar o ponto de equilíbrio econômico-financeiro do contrato.

10.1 Determinação do Ponto de Equilíbrio Econômico-Financeiro

Ao iniciar qualquer análise de desequilíbrio econômico-financeiro, é fundamental a determinação do ponto de equilíbrio econômico-financeiro do contrato, obtido através da identificação do sobrepreço ou subpreço original de cada item contratual em comparação com preços referenciais, de modo geral, oriundos de sistemas de custo ou médias de cotações diretas que reflitam, razoavelmente, o mercado à época do contrato firmado, geralmente a data-base da proposta.

Conceitua-se sobrepreço/subpreço original, como sendo a diferença entre o valor total do contrato de uma obra e o orçamento dessa obra reconstituído com preços de referência. É expresso em moeda corrente e pode ser um valor positivo, no caso chamado sobrepreço ou um valor negativo, chamado então subpreço. Esse sobrepreço ou subpreço também pode ser expresso em termos percentuais, obtido através da razão entre a diferença de valores e o valor de referência calculado pelos peritos.

Assim, antes da realização do exame de local, pode-se realizar exame documental de preços e calcular se houve sobrepreço ou subpreço original, isto é, compara-se o total contratado com o total calculado pelos peritos (custo de reprodução do contrato - T_{CP}), o qual utiliza as quantidades contratadas e os preços unitários adotados pelos peritos.

$$T_{CP} = \sum \left(Q_C \cdot P_P \right)$$

Equação 14 - Custo de reprodução do contrato em R\$

Onde:

T_{CP} Custo de reprodução do contrato

Q_C Quantidade de serviços previstos no contrato

P_P Preço unitário de referência (perícia)

$$SP_O = \frac{(T_C - T_{CP})}{T_{CP}} x100$$

Equação 15 - Cálculo do percentual do Sobrepreço original

Onde:

T_C Preço total dos serviços previstos no contrato

T_{CP} Custo de reprodução do contrato

SP_O Sobrepreço original

O percentual obtido será o ponto de equilíbrio econômico-financeiro adotado, seja positivo ou negativo. A ideia de se determinar esse ponto de equilíbrio é verificar, posteriormente, se considerando as quantidades e preços realmente executados ao fim do contrato e os preços de mercado, é preservado o ponto de equilíbrio original do contrato. Em caso negativo, a análise apontará se o novo ponto obtido é favorável ou desfavorável à Administração.

10.2 Análises Relativas ao "Jogo de Planilha"

"Jogo de planilha" é a denominação adotada para a ocorrência de alterações quantitativas na planilha contratual, através de acréscimos, decréscimos, supressões ou inclusões de serviços e materiais, bem como de variações de preços nas medições, que modifiquem o equilíbrio econômico-financeiro inicial, causando dano ao erário sem justificativa adequada.

O "jogo de planilha" ocorre em função de:

a) acréscimo de quantidades de itens originais com sobrepreços;

b) decréscimo ou supressão de quantidades de itens originais com subpreços;

c) alteração de preços originais em termos aditivos;

d) inclusão de itens novos com sobrepreços.

E pode, ainda, ocorrer, principalmente, nos seguintes casos:

a) Celebração de termos aditivos de acréscimos, supressões ou inclusões de serviços e materiais;

b) Alteração de preços contratados nas medições que resultem em aumento de valor;

c) Paralisação da obra;

d) Abandono da obra por parte da Contratada.

Na análise da licitação e contrato investigados relativos a uma obra de infraestrutura de transporte, foi comprovada a ocorrência da prática de superfaturamento por "jogo de planilha", de forma significativa, na análise de dois serviços de terraplanagem, o corte com destino ao aterro e o fornecimento e aplicação de rocha laterita, que foram contratados, originalmente, a preços muito elevados em relação aos sistemas de referência de preços, com sobrepreços de 85,8% e 41,0%; respectivamente. Ver tabela 5.

A quantidade inicial de corte era de 682.000,00 metros cúbicos e de rocha laterita 1.056,00 metros cúbicos. Nessa condição inicial, o lucro indevido obtido por esses dois serviços, foi de R$1.241.240,00 (corte) e R$16.885,44 (rocha laterita). Todavia, após o início do contrato foi realizada uma mudança no projeto geométrico da pista de pouso, devido a supostos problemas de ruído, que levou ao deslocamento longitudinal da pista de pouso em 770 metros e reduzida em 400 metros no seu sentido longitudinal.

Esse deslocamento aumentou em muito os serviços de terraplanagem por ter atingido um terreno muito mais inclinado. Assim, as quantidades dos serviços de corte e rocha laterita aumentaram para 5.845.298,51 metros cúbicos (8,5 vezes maior que a quantidade original) e 162.691,67 metros cúbicos (154 vezes maior que a quantidade original), respectivamente, que resultou no lucro indevido, obtido por esses dois serviços, que foi de R$10.638.443,28 (corte) e R$2.601.439,80 (rocha laterita).

Assim, com o "jogo de planilha" de apenas dois serviços da planilha contratual da obra foi possível aumentar indevidamente o lucro em R$11.981.757,64; data-base: março de 1999.

Tabela 5 - Extrato de planilha de análise pericial de contrato de obra aeroportuária, com demonstração do "jogo de planilha"

Itens	Und	Valores do Contrato Original			Valores Perícia			Sobre-preço Unit Original (%)
		Qde	PU Ref (R$)	Preço Total (R$)	Qde Periciada	PU Ref (R$)	Preço Total (R$)	
Corte com destino ao aterro**	m³	682.000	3,94	2.687.080,0	5.845.298,51	2,12	12.392.032,84	85,8%
Laterita*	m³	1.056	54,95	58.027,2	162.691,67	38,96	6.338.467,46	41,0%

** códigos do serviço na planilha - D.04.17.01.01.CT, D.02.02.01.CT, C.01.02.01.CT
* códigos do serviço na planilha - H.01.05.CT, G.03.20.CT, C.02.07.CT, B.01.02.02.03.CT, D.03.07.CT

Itens	Und	Valores Medição Final			Valores Perícia			Sobre-preço Unit Final (%)
		Qde	PU Ref (R$)	Preço Total (R$)	Qde Periciada	PU Ref (R$)	Preço Total (R$)	
Corte com destino ao aterro**	m³	5.845.298,51	3,94	23.030.476,13	5.845.298,51	2,12	12.392.032,84	85,8%
Laterita*	m³	162.691,67	54,95	8.939.907,27	162.691,67	38,96	6.338.467,46	41,0%

O "jogo de planilha" pode ocorrer mesmo quando o valor global final do contrato fica abaixo do valor de referência de mercado, porém a condição de equilíbrio econômico-financeiro se altera de forma a causar prejuízo à Administração, ou seja, há redução do desconto original.

Essa prática denominada "jogo de planilha", até alguns anos atrás, era rara e devido à ineficácia nas licitações onde se contratava serviços e materiais com sobrepreço, atualmente se mostra mais frequente. A legislação vigente determinou, como citado anteriormente, para contratação de materiais e serviços de obras, a condição de que, salvo em situações especiais justificadas, os custos unitários **não podem ser superiores à**

mediana daqueles constantes do Sistema Nacional de Pesquisa de Custos e Índices da Construção Civil (**Sinapi**).

Os princípios constitucionais de economicidade e eficiência foram sendo incrementados em legislações específicas e sedimentados por acórdãos do TCU. Assim, é importante considerar que até 1999 não havia abundantes referências de preço. Importantes ditames foram postados nas LDOs. Em 2000, seria referência o Custo Unitário Básico (CUB), dos Sinduscons, acrescido de até 30%; em 2003, o SINAPI acrescido de até 30%. A partir de 2003, até o presente (2010), a referência principal tem sido a mediana do Sinapi, sem acréscimos, aliada a outros sistemas oficiais subsidiários. Apesar de variante na redação, a interpretação se baseia no conceito do zelo nos gastos públicos. O texto das LDOs pode ser acessado no endereço eletrônico: http://www2.camara.gov.br/atividade-legislativa/orcamentobrasil/orcamentouniao/ldo/ldo2011, ou http://www.planalto.gov.br/ccivil_03/Outros/Legassunto.htm. Transcrevem-se trechos pertinentes:

Lei n° 9.811/99, de 28/07/1999. (LDO para 2000)

> *"Art. 71. Os custos unitários de obras executadas com recursos dos orçamentos da União, relativas à construção de prédios públicos, saneamento básico e pavimentação, não poderão ser superiores ao valor do (...) **CUB** (...), acrescido de até trinta por cento"*

Lei n° 9.995/00, de 27/07/2000. (LDO para 2001)

> *"Art. 68. Os custos unitários de obras executadas com recursos dos orçamentos da União, relativas à construção de prédios públicos, saneamento básico e pavimentação, não poderão ser superiores ao valor do Custo Unitário Básico – CUB, por m², divulgado pelo Sindicato da Indústria da Construção, por Unidade da Federação, acrescido de até trinta por cento para cobrir custos não previstos no CUB.*
> *Parágrafo único. Somente em condições especiais, devidamente justificadas, poderão os respectivos custos ultrapassar os limites fixados no caput deste artigo, sem prejuízo da avaliação dos órgãos de controle interno e externo."*

Lei n° 10.266/01, de 24/07/2001. (LDO para 2002)

> *"Art.66.Os custos unitários de obras executadas com recursos dos orçamentos da União, relativas à construção de prédios públicos,*

saneamento básico, pavimentação e habitação popular, não poderão ser superiores ao valor do (...) CUB (...), acrescido de até trinta por cento"

Lei n° 10.524/02, de 25/07/2002. (LDO para 2003)

"Art. 93. [...] não poderão ser superiores a 30% (trinta por cento) àqueles constantes do [...] Sinapi"

Lei n° 10.707/03, de 30/07/2003. (LDO para 2004)

"Art. 101. [...] não poderão ser superiores à mediana [...] (do) Sinapi"

Lei n° 10.934/04, 11/08/2004. (LDO para 2005)

"Art. 105. Os custos unitários de materiais e serviços de obras executadas com recursos dos orçamentos da União não poderão ser superiores à mediana daqueles constantes do Sistema Nacional de Pesquisa de Custos e Índices da Construção Civil - Sinapi, mantido pela Caixa Econômica Federal.

*§ 1° Somente em condições especiais, devidamente justificadas em relatório técnico circunstanciado, aprovado pela autoridade competente, poderão os respectivos custos ultrapassar o limite fixado no **caput**, sem prejuízo da avaliação dos órgãos de controle interno e externo.*

§ 2° A Caixa Econômica Federal promoverá, com base nas informações prestadas pelos órgãos públicos federais de cada setor, a ampliação dos tipos de empreendimentos atualmente abrangidos pelo sistema, de modo a contemplar os principais tipos de obras públicas contratadas, em especial as obras rodoviárias, ferroviárias, hidroviárias, portuárias, aeroportuárias e de edificações, saneamento, barragens, irrigação e linhas de transmissão."

Lei n° 11.178/05, de 20/09/2005. (LDO para 2006)

"Art. 112. Os custos unitários de materiais e serviços de obras executadas com recursos dos orçamentos da União não poderão ser superiores à mediana daqueles constantes do Sistema Nacional de Pesquisa de Custos e Índices da Construção Civil – SINAPI, mantido pela Caixa Econômica Federal, que deverá disponibilizar tais informações na internet.

*§ 1° Somente em condições especiais, devidamente justificadas em relatório técnico circunstanciado, aprovado pela autoridade competente, poderão os respectivos custos ultrapassar o limite fixado no **caput** deste artigo, sem prejuízo da avaliação dos órgãos de controle interno e externo.*

§ 2° A Caixa Econômica Federal promoverá, com base nas informações prestadas pelos órgãos públicos federais de cada setor, a ampliação dos tipos de empreendimentos atualmente abrangidos pelo Sistema, de modo a contemplar os principais tipos de obras públicas contratadas, em especial as obras rodoviárias, ferroviárias, hidroviárias, portuárias, aeroportuárias e de edificações, saneamento, barragens, irrigação e linhas de transmissão.
§ 3° Nos casos ainda não abrangidos pelo Sistema, poderá ser usado, em substituição ao SINAPI, o custo unitário básico – CUB."

Lei n° 11.439/06, de 29/12/2006. (LDO para 2007)

*"Art. 115. Os custos unitários de materiais e serviços de obras executadas com recursos dos orçamentos da União não poderão ser superiores à mediana daqueles constantes do Sistema Nacional de Pesquisa de Custos e Índices da Construção Civil - SINAPI, mantido pela Caixa Econômica Federal, que deverá disponibilizar tais informações na **internet**.*
*§ 1° Somente em condições especiais, devidamente justificadas em relatório técnico circunstanciado, aprovado pela autoridade competente, poderão os respectivos custos ultrapassar o limite fixado no **caput** deste artigo, sem prejuízo da avaliação dos órgãos de controle interno e externo.*
§ 2° A Caixa Econômica Federal promoverá, com base nas informações prestadas pelos órgãos públicos federais de cada setor, para inclusão no SINAPI, a ampliação dos tipos de empreendimentos atualmente abrangidos pelo Sistema, de modo a contemplar os principais tipos de obras públicas contratadas, em especial as obras rodoviárias, ferroviárias, hidroviárias, portuárias, aeroportuárias e de edificações, saneamento, barragens, irrigação e linhas de transmissão.
§ 3° Nos casos ainda não abrangidos pelo SINAPI, poderá ser usado, em substituição a esse Sistema, o Custo Unitário Básico - CUB, divulgado pelo Sindicato da Indústria da Construção Civil.
§ 4° As informações de que trata o § 2° deste artigo serão encaminhadas à Caixa Econômica Federal até o mês de junho.
§ 5° A Fundação Nacional de Saúde poderá utilizar sistema de custos próprio, baseado em coletas regionais periódicas, os quais serão informados à Caixa Econômica Federal para inclusão no SINAPI. "

Lei n° 11.514/07, de 13/08/2007. (LDO para 2008)

"Art. 109. O custo global de obras e serviços executados com recursos dos orçamentos da União será obtido a partir de custos unitários de insumos ou serviços iguais ou menores que a mediana de seus correspondentes no Sistema Nacional de Pesquisa de Custos e Índices da Construção Civil (SINAPI), mantido e divulgado, na internet, pela Caixa Econômica Federal.

§ 1º Nos casos em que o SINAPI não oferecer custos unitários de insumos ou serviços, poderão ser adotados aqueles disponíveis em tabela de referência formalmente aprovada por órgão ou entidade da administração pública federal, incorporando-se às composições de custos dessas tabelas, sempre que possível, os custos de insumos constantes do SINAPI.

§ 2º Somente em condições especiais, devidamente justificadas em relatório técnico circunstanciado, elaborado por profissional habilitado e aprovado pela autoridade competente, poderão os respectivos custos unitários exceder o limite fixado no **caput** *deste artigo, sem prejuízo da avaliação dos órgãos de controle interno e externo.*

§ 3º O órgão ou a entidade que aprovar tabela de custos unitários, nos termos do § 1º deste artigo, deverá divulgá-los pela internet e encaminhá-los à Caixa Econômica Federal.

§ 4º (VETADO)

§ 5º Deverá constar do projeto básico a que se refere o art. 6º, inciso IX, da Lei nº 8.666, de 1993, inclusive de suas eventuais alterações, a anotação de responsabilidade técnica e declaração expressa do autor das planilhas orçamentárias, quanto à compatibilidade dos quantitativos e dos custos constantes de referidas planilhas com os quantitativos do projeto de engenharia e os custos do SINAPI.

§ 6º A diferença percentual entre o valor global do contrato e o obtido a partir dos custos unitários do SINAPI não poderá ser reduzida, em favor do contratado, em decorrência de aditamentos que modifiquem a planilha orçamentária. "

Lei nº 11.768/08, de 24/03/2008. (LDO para 2009)

"Art. 109. O custo global de obras e serviços executados com recursos dos orçamentos da União será obtido a partir de custos unitários de insumos ou serviços iguais ou menores que a mediana de seus correspondentes no Sistema Nacional de Pesquisa de Custos e Índices da Construção Civil (SINAPI), mantido e divulgado, na internet, pela Caixa Econômica Federal.

§ 1º Nos casos em que o SINAPI não oferecer custos unitários de insumos ou serviços, poderão ser adotados aqueles disponíveis em tabela de referência formalmente aprovada por órgão ou entidade da administração pública federal, incorporando-se às composições de custos dessas tabelas, sempre que possível, os custos de insumos constantes do SINAPI.

§ 2º Somente em condições especiais, devidamente justificadas em relatório técnico circunstanciado, elaborado por profissional habilitado e aprovado pela autoridade competente, poderão os respectivos custos unitários exceder o limite fixado no **caput** *deste artigo, sem prejuízo da avaliação dos órgãos de controle interno e externo.*

§ 3º O órgão ou a entidade que aprovar tabela de custos unitários, nos termos do § 1º deste artigo, deverá divulgá-los pela internet e encaminhá-los à Caixa Econômica Federal.

§ 4º (VETADO)

§ 5° Deverá constar do projeto básico a que se refere o art. 6°, inciso IX, da Lei nº 8.666, de 1993, inclusive de suas eventuais alterações, a anotação de responsabilidade técnica e declaração expressa do autor das planilhas orçamentárias, quanto à compatibilidade dos quantitativos e dos custos constantes de referidas planilhas com os quantitativos do projeto de engenharia e os custos do SINAPI.

§ 6° A diferença percentual entre o valor global do contrato e o obtido a partir dos custos unitários do SINAPI não poderá ser reduzida, em favor do contratado, em decorrência de aditamentos que modifiquem a planilha orçamentária.

Art. 110. As entidades públicas e privadas beneficiadas com recursos públicos a qualquer título submeter-se-ão à fiscalização do Poder Público, com a finalidade de verificar o cumprimento de metas e objetivos para os quais receberam os recursos.

§ 1º O Poder Executivo adotará providências com vistas ao registro e divulgação, inclusive por meio eletrônico, das informações relativas às prestações de contas de convênios ou instrumentos congêneres.

§ 2º No caso de contratação de terceiros pelo convenente ou beneficiário, as informações previstas no parágrafo anterior conterão, no mínimo, o nome e CPF ou CNPJ do fornecedor e valores pagos.

§ 3º O edital de licitação de obra ou serviço de grande vulto, nos termos da Lei nº 11.653, de 7 de abril de 2008, será divulgado integralmente na internet até a data da publicação na imprensa oficial."

Lei nº 12.017/09, de 12/08/2009. (LDO para 2010)

*"Art. 112. O custo global de obras e serviços contratados e executados com recursos dos orçamentos da União será obtido a partir de custos unitários de insumos ou serviços menores ou iguais à mediana de seus correspondentes no Sistema Nacional de Pesquisa de Custos e Índices da Construção Civil – SINAPI, mantido e divulgado, na **internet**, pela Caixa Econômica Federal, e, no caso de obras e serviços rodoviários, à tabela do Sistema de Custos de Obras Rodoviárias – SICRO.*

*§ 1º Em obras cujo valor total contratado não supere o limite para Tomada de Preços, será admitida variação máxima de 20% (vinte por cento) sobre os custos unitários de que trata o **caput** deste artigo, por item, desde que o custo global orçado fique abaixo do custo global calculado pela mediana do SINAPI.*

§ 2º Nos casos em que o SINAPI e o SICRO não oferecerem custos unitários de insumos ou serviços, poderão ser adotados aqueles disponíveis em tabela de referência formalmente aprovada por órgão ou entidade da administração pública federal, incorporando-se às composições de custos dessas tabelas, sempre que possível, os custos de insumos constantes do SINAPI e do SICRO.

§ 3º Somente em condições especiais, devidamente justificadas em relatório técnico circunstanciado, elaborado por profissional habilitado e

*aprovado pelo órgão gestor dos recursos ou seu mandatário, poderão os respectivos custos unitários exceder limite fixado no **caput** e § 1º deste artigo, sem prejuízo da avaliação dos órgãos de controle interno e externo.*

*§ 4º O órgão ou a entidade que aprovar tabela de custos unitários, nos termos do § 2º deste artigo, deverá divulgá-los pela **internet** e encaminhá-los à Caixa Econômica Federal.*

§ 5º Deverá constar do projeto básico a que se refere o art. 6º, inciso IX, da Lei nº 8.666, de 1993, inclusive de suas eventuais alterações, a anotação de responsabilidade técnica e declaração expressa do autor das planilhas orçamentárias, quanto à compatibilidade dos quantitativos e dos custos constantes de referidas planilhas com os quantitativos do projeto de engenharia e os custos do SINAPI, nos termos deste artigo.

§ 6º A diferença percentual entre o valor global do contrato e o obtido a partir dos custos unitários do SINAPI ou do SICRO não poderá ser reduzida, em favor do contratado, em decorrência de aditamentos que modifiquem a planilha orçamentária.

§ 7º Serão adotadas na elaboração dos orçamentos de referência os custos constantes das Tabelas SINAPI e SICRO locais e, subsidiariamente, as de maior abrangência.

§ 8º O preço de referência das obras e serviços será aquele resultante da composição do custo unitário direto do SINAPI e do SICRO, acrescido do percentual de Benefícios e Despesas Indiretas – BDI incidente, que deve estar demonstrado analiticamente na proposta do fornecedor.

§ 9º (VETADO)

§ 10. O disposto neste artigo não obriga o licitante vencedor a adotar custos unitários ofertados pelo licitante vencido."

Lei nº 12.309/10, de 09/08/2010. (LDO para 2011)

"Art. 112. As entidades públicas e privadas beneficiadas com recursos públicos a qualquer título submeter-se-ão à fiscalização do Poder Público, com a finalidade de verificar o cumprimento de metas e objetivos para os quais receberam os recursos [...]

*Art. 127. O custo global de obras e serviços de engenharia contratados e executados com recursos dos orçamentos da União será obtido a partir de composições de custos unitários, previstas no projeto, menores ou iguais à mediana de seus correspondentes no Sistema Nacional de Pesquisa de Custos e Índices da Construção Civil – SINAPI, mantido e divulgado, na **internet**, pela Caixa Econômica Federal, e, no caso de obras e serviços rodoviários, à tabela do Sistema de Custos de Obras Rodoviárias – SICRO, excetuados os itens caracterizados como montagem industrial ou que não possam ser considerados como de construção civil.*

*§ 1º O disposto neste artigo não impede que a Administração Federal desenvolva sistemas de referência de preços, aplicáveis no caso de incompatibilidade de adoção daqueles de que trata o **caput**, devendo sua necessidade ser demonstrada por justificação técnica elaborada pelo órgão*

mantenedor do novo sistema, o qual deve ser aprovado pelo Ministério do Planejamento, Orçamento e Gestão e divulgado pela *internet*.

§ 2° Nos casos de itens não constantes dos sistemas de referência mencionados neste artigo, o custo será apurado por meio de pesquisa de mercado e justificado pela Administração.

§ 3° Na elaboração dos orçamentos de referência, serão adotadas variações locais dos custos, desde que constantes do sistema de referência utilizado.

§ 4° Deverá constar do projeto básico a que se refere o art. 6°, inciso IX, da Lei n° 8.666, de 1993, inclusive de suas eventuais alterações, a anotação de responsabilidade técnica pelas planilhas orçamentárias, as quais deverão ser compatíveis com o projeto e os custos do sistema de referência, nos termos deste artigo.

§ 5° Ressalvado o regime de empreitada por preço global de que trata o art. 6°, inciso VIII, alínea "a", da Lei n° 8.666, de 1993:

I - a diferença percentual entre o valor global do contrato e o obtido a partir dos custos unitários do sistema de referência utilizado não poderá ser reduzida, em favor do contratado, em decorrência de aditamentos que modifiquem a planilha orçamentária;

II - o licitante vencedor não está obrigado a adotar os custos unitários ofertados pelo licitante vencido; e

III - somente em condições especiais, devidamente justificadas em relatório técnico circunstanciado, elaborado por profissional habilitado e aprovado pelo órgão gestor dos recursos ou seu mandatário, poderão os custos unitários do orçamento-base da licitação exceder o limite fixado no *caput* e § 1o deste artigo, sem prejuízo da avaliação dos órgãos de controle interno e externo.

§ 6° No caso de adoção do regime de empreitada por preço global, previsto no art. 6°, inciso VIII, alínea "a", da Lei n° 8.666, de 1993, devem ser observadas as seguintes disposições:

I - na formação do preço que constará das propostas dos licitantes poderão ser utilizados custos unitários diferentes daqueles fixados no *caput* deste artigo, desde que o preço global orçado e o de cada uma das etapas previstas no cronograma físico-financeiro do contrato, observado o § 7o desse artigo, fique igual ou abaixo do valor calculado a partir do sistema de referência utilizado, assegurado ao controle interno e externo o acesso irrestrito a essas informações para fins de verificação da observância deste inciso;

II - o contrato deverá conter cronograma físico-financeiro com a especificação física completa das etapas necessárias à medição, ao monitoramento e ao controle das obras, não se aplicando, a partir da assinatura do contrato e para efeito de execução, medição, monitoramento, fiscalização e auditoria, os custos unitários da planilha de formação do preço;

III - mantidos os critérios estabelecidos no *caput* deste artigo, deverá constar do edital e do contrato cláusula expressa de concordância do contratado com a adequação do projeto básico, sendo que as alterações contratuais sob alegação de falhas ou omissões em qualquer das peças, *orçamentos, plantas, especificações, memoriais e estudos técnicos preliminares do projeto não poderão ultrapassar, no seu conjunto, 10% (dez por cento) do valor total do contrato, computando-se esse percentual para verificação do limite do art. 65, § 1º, da Lei nº 8.666, de 1993;*

IV - a formação do preço dos aditivos contratuais contará com orçamento específico detalhado em planilhas elaboradas pelo órgão ou entidade responsável pela licitação, mantendo-se, em qualquer aditivo contratual, a proporcionalidade da diferença entre o valor global estimado pela administração nos termos deste artigo e o valor global contratado, mantidos os limites do art. 65, § 1º, da Lei nº 8.666, de 1993;

V - na situação prevista no inciso IV deste parágrafo, uma vez formalizada a alteração contratual, não se aplicam, para efeito de execução, medição, monitoramento, fiscalização e auditoria, os custos unitários da planilha de formação do preço do edital, assegurado ao controle interno e externo o acesso irrestrito a essas informações para fins de verificação da observância dos incisos I e IV deste parágrafo; e

VI - somente em condições especiais, devidamente justificadas em relatório técnico circunstanciado, elaborado por profissional habilitado e aprovado pelo órgão gestor dos recursos ou seu mandatário, poderão os custos das etapas do cronograma físico-financeiro exceder o limite fixado nos incisos I e IV deste parágrafo, sem prejuízo da avaliação dos órgãos de controle interno e externo.

§ 7º O preço de referência das obras e serviços de engenharia será aquele resultante da composição do custo unitário direto do sistema utilizado, acrescido do percentual de Benefícios e Despesas Indiretas – BDI, evidenciando em sua composição, no mínimo:

I - taxa de rateio da administração central;

II - percentuais de tributos incidentes sobre o preço do serviço, excluídos aqueles de natureza direta e personalística que oneram o contratado;

III - taxa de risco, seguro e garantia do empreendimento; e

IV - taxa de lucro.

Art. 128. (VETADO)

Art. 129. O TCU realizará auditoria para verificar o cumprimento de condições a que se submetem as entidades beneficentes de assistência social de que trata a Lei no 12.101, de 2009, devendo considerar, dentre os critérios de seleção para a realização de auditoria, as entidades que possuam o maior número de empregados."

Pode-se notar um gradativo detalhamento do texto da Lei, o que demonstra a importância cada vez maior da engenharia de custos na formulação das políticas orçamentárias do governo federal.

Pode-se afirmar, pois, que a regra atual ainda é que sempre se contrate empresas e fornecedores com subpreço (pelo menos teórico) através da aplicação de desconto original. Esse fato é viabilizado quando se vislumbra que os preços apresentados pelo SINAPI/SICRO e demais sistemas oficiais de custo, não possuem uma forma de ajuste devido ao efeito de escala (que deve ser ajustado de obra para obra no momento da elaboração dos orçamentos), ao efeito cotação e ao efeito barganha, dentre outros fatores mitigadores de preço e estão acrescidos de taxas de encargos sociais (parcialmente fruto de dados estatísticos), os quais podem não se materializar no caso concreto. De tudo citado anteriormente, resulta-se que na prática os preços reais tem se mostrado inferiores aos preços de referência. Ressalte-se, que sempre deve ser verificada a ocorrência de preço inexequível, conforme previsto na Lei nº 8.666/93 e suas alterações.

Na LDO de 2011, se procura abrir uma exceção para obras contratadas com regime de empreitada por preço global, buscando a medição por macro etapas. A prática demonstrará a efetividade ou não dessa solução, especialmente na medição de unidades de serviços que não sejam diretamente mensuráveis pelos materiais aplicados na construção.

A título ilustrativo, transcreve-se do Acórdão nº 1.755/2004 – Plenário – Processo nº 005.528/2003-6 - TCU, moderno entendimento sobre o tema "jogo de planilha" (aplicação do "método do desconto"):

> *"[...]promova as ações necessárias à instauração de procedimento administrativo tendente à reavaliação do Contrato 008/STO-Getra/2002, utilizando como referência preços de mercado, franqueada ampla defesa à empresa ARG Ltda., de forma a ser plenamente justificado o indício de desequilíbrio econômico-financeiro da avença, em desfavor do erário, consistente na redução de 28,98% para 16,28% do desconto original ofertado pela contratada sobre o valor global orçado pela Administração para nova configuração da proposta, determinada pelos termos aditivos, observando que tal procedimento não poderá resultar em redução do valor global do ajuste inferior a R$ 766.093,10 (setecentos e sessenta e seis mil, noventa e três reais e dez centavos), atualizada monetariamente, a contar de março de 2002, razão de onerosidade já comprovada, decorrente da inclusão de itens novos de terraplenagem sem a manutenção dos descontos iniciais aplicados sobre aquele gênero de serviços; descontar das faturas vincendas as quantias com o sobrepreço que restar apurado, consoante o subitem anterior, [...]"*

Portanto, quando se fizer a análise de "jogo de planilha", deverá ser considerado o percentual de desconto original de forma a preservar o equilíbrio econômico financeiro inicial, salvo casos justificados que visem melhor adequação técnica.

De acordo com o disposto no parágrafo 1º do art. 65 da Lei nº 8.666/93, as alterações do contrato deveriam manter as mesmas condições iniciais, incluindo o desconto original caso exista. Entretanto, existem outros aspectos a serem considerados, que devem ser ponderados na aplicação dessa exigência legal. A seguir transcreve-se o texto legal citado:

> "§ 1º- O contratado fica obrigado a aceitar, **nas mesmas condições contratuais**, os acréscimos ou supressões que se fizerem nas obras, serviços ou compras, até 25% (vinte e cinco por cento) do valor inicial atualizado do contrato, e, no caso particular de reforma de edifício ou de equipamento, até o limite de 50% (cinqüenta por cento) para os seus acréscimos."

Houve salutar debate na corte de contas da União, por exemplo, no processo TC-005.528/2003-6 que resultou no Acórdão nº 1.755/2004 - TCU – Plenário, sobre a tese da manutenção do desconto original na celebração de aditivos contratuais, a tese, afortunadamente, prevaleceu nas LDOs (conforme textos transcritos). Ressalta-se, assim, que mesmo quando houver subpreço global teórico pode ocorrer "jogo de planilha" e sua análise vai depender da variação percentual do desconto original. Logo, o "jogo de planilha" pode ocorrer mesmo que a grande maioria dos itens, senão todos, estejam abaixo do preço de referência de mercado, no caso de obras que apresentam uma grande variedade de descontos dos itens em relação aos seus valores de mercado. Ao longo do contrato, são eliminados, por meio de termos aditivos contratuais, os itens com maiores descontos e acrescem-se aqueles com menor desconto, diminuindo-se assim o desconto original do valor global, que pode ser significativo a ponto de se eliminar a vantagem obtida pela Administração por ocasião da licitação.

Esse tipo de fraude permite que a licitante ofereça um preço global muito baixo para vencer o certame e, por meio de alterações contratuais, diminua o desconto originalmente proposto no valor global para garantir uma remuneração mais elevada com a qual ela não teria vencido o certame licitatório. Nesse caso, impõe-se à Administração o dever de reequilibrar o contrato de forma a garantir, ao final de sua execução, a manutenção da condição original (equilíbrio econômico-financeiro).

Outra forma de se praticar o "jogo de planilha" é a manipulação de preços. Durante a obra, ao longo das medições, alteram-se os preços contratados, aumentando-se alguns e diminuindo-se outros, em função dos quantitativos de cada serviço, de forma que o valor final fique superior ao previsto com os valores originais. É um tipo de ocorrência mais rara, porém já detectada em algumas situações.

A princípio, qualquer percentual de ocorrência de "jogo de planilha" é caracterizado como dano ao erário. Todavia, se faz necessário estabelecer algumas ressalvas de forma a não atribuir dano ao erário (superfaturamento) por situações tecnicamente aceitáveis ou legalmente justificadas. Lançando mão, mais uma vez, da Lei nº 8.666/93, transcreve-se por pertinente, o seu artigo 65, inciso I, alínea a) e b):

> *"Art. 65. Os contratos regidos por esta Lei poderão ser alterados, com as devidas justificativas, nos seguintes casos:*
>
> *I - unilateralmente pela Administração:*
> *a) quando houver modificação do projeto ou das especificações, para melhor adequação técnica aos seus objetivos;*
> *b) quando necessária a modificação do valor contratual em decorrência de acréscimo ou diminuição quantitativa de seu objeto, nos limites permitidos por esta Lei;"*

A alínea "a", transcrita acima, estabelece que, **unilateralmente**, a Administração pode alterar o projeto e, consequentemente, os serviços previstos na planilha original para **melhor adequação técnica, aqui a melhoria não é entendida como a correção de erros de projeto e planejamento**. Tal consideração somente deverá ser feita caso não se demonstre, por outros meios, que essa mudança foi fruto de um conluio entre as partes para burlar o desconto original ou ainda que as mudanças não tragam **real** melhoria às condições **técnicas** da obra. Na prática se mostra uma justificativa apresentável em mudanças de pequena envergadura (que não descaracterizem o objeto contratual) e que não produzam efeitos de "jogo de planilha" demasiados.

Já com relação à alínea "b", o enfoque é ligeiramente diferente, pois pode não haver a melhoria técnica e ser necessário o corte/mudança de parte da obra (erros de projeto, falta de recursos, etc). Já existem preços contratados estabelecidos, como solução o gestor pode adotar os seguintes procedimentos na celebração de termos aditivos:

a) se o serviço ou material a ser acrescido tiver preço superior a referência de mercado, deverá ser aditado pelo preço de referência de mercado ou inferior (LDOs e acórdãos do TCU);

b) se o serviço ou material a ser acrescido tiver preço inferior ao de referência de mercado, deverá ser pago pelo preço de contrato (§ 1° do inciso II do Art. 65 da Lei n° 8.666/93);

c) em caso de decréscimo, ou supressão de serviço, ou material, seja com preço superior, ou inferior ao de referência de mercado, deve-se atentar para os limites do § 1° do inciso II do Art. 65 da Lei n° 8.666/93, e para a eventual compensação do "jogo de planilha" ocorrido (por exemplo, perda de desconto original), e deve ser incluída linha na planilha do termo aditivo para inclusão do valor monetário do "jogo de planilha", que será descontado do valor dos demais itens do aditivo.

Em casos de sobrepreço final, recorda-se que, além dessas regras e como já estabelecido anteriormente, caso haja supressão de itens com subpreço em quantidades significativas para alterar o equilíbrio econômico-financeiro a ponto de elevar uma situação inicialmente inferior a 10% (dez por cento) para um patamar superior a 10% (dez por cento), deve-se considerar essa parcela integralmente.

Assim, promovendo-se as alterações de contrato na forma da lei (art. 65 da Lei n° 8.666/93, alínea "a") e sem elevação do sobrepreço final a patamares superiores a 10% (dez por cento) ou outro valor considerado adequado pelo perito, a parcela de superfaturamento por "jogo de planilha" poderá não caracterizar superfaturamento.

Em casos de subpreço final, pode-se diminuir sobremaneira o desconto original, a princípio gerando uma parcela de superfaturamento devido ao "jogo de planilha", que deveria ser calculada e somada com as demais. Todavia, se esses acréscimos, decréscimos, inclusões e supressões forem cobertos pela condicionante da alínea "a" do inciso I do art. 65 da Lei nº 8.666/93, citada, seus efeitos no cálculo do superfaturamento por "jogo de planilha" podem não ser caracterizados como superfaturamento.

Caso um gestor ou fiscal, por exemplo, resolva trocar o tipo de piso por causa da cor, **sem trazer qualquer melhoria técnica ao objeto**, resultando em desequilíbrio econômico-financeiro do contrato prejudicial à Administração, deverá ser calculada a parcela de superfaturamento decorrente de "jogo de planilha", além de destacada a irregularidade de alterar o objeto sem justificativa. Nessa hipótese, o prejuízo só não se configuraria caso o serviço incluso (trocado) fosse cobrado pelo seu **preço de referência de mercado com a aplicação do respectivo desconto original, se houver**. Isso, porque, não existe norma legal que obrigue a Administração a sempre pagar obras pelo preço de referência de mercado, uma vez que o objetivo da gestão será efetivar compras com valores menores possíveis, até um limite de preço exequível, que seja mais vantajoso ao erário. Caso contrário, não seria necessário o processo licitatório com concorrência isonômica entre os licitantes, bastando um sorteio puro e simples a ser aplicado aos licitantes interessados.

Além dessas exceções, existe outra no caso em que parte ou todo o percentual calculado como "jogo de planilha" for considerado oriundo de ajustes corriqueiros nas quantidades finais da obra. Não se deve considerar essa parcela no superfaturamento desde que sua ocorrência não altere significativamente o equilíbrio econômico-financeiro do contrato.

Isso se deve ao fato de que o orçamentista pode cometer erros, ao levantar quantitativos do projeto básico ou do executivo, para a planilha de licitação, que causarão diferenças entre a previsão e a obra efetivamente realizada. Grandes variações de quantidade nessas previsões podem causar "jogo de planilha" pela glosa de serviços previstos e não executados (decréscimos ou pelo acréscimo de outros serviços não previstos (celebração de termos aditivos).

Preocupado em estabelecer um critério de tolerância, o Tribunal de Contas do DF estabeleceu como limite de tolerância, para a obrigatoriedade da apresentação de justificativa por parte do responsável técnico pelo projeto básico, o **percentual de 10% (dez por cento)** de variação nas quantidades (Lei nº 1.371, de 13 de janeiro de 1997).

Mais tolerante foi o CONFEA em sua Resolução nº 361/91, que considerou aceitável o **percentual de tolerância de 15% (quinze por cento), englobando os efeitos de preços (cotações) e quantidades**, conforme os termos expressos do art. 3º e alínea f, desse documento:

> *"Art. 3º - As principais características de um Projeto Básico são:(...)*
> *f) definir as **quantidades e os custos** de serviços e fornecimentos com precisão compatível com o tipo e porte da obra, de tal forma a ensejar a determinação do **custo global da obra** com precisão de mais ou menos 15% (quinze por cento);"*

Assim, como orientação, recomenda-se desconsiderar a parcela de "jogo de planilha" causada por **acréscimos e supressões de quantidades** de até **10% (dez por cento)**, considerados aqui o tipo de serviço e o levantamento realizado. As imprecisões no custo global da obra que, segundo a resolução do CONFEA, podem variar em mais ou menos 15% (quinze por cento) não limitam o perito a estabelecer outros critérios de acordo com a natureza dos vários tipos de serviços envolvidos. Cumpre ressaltar que o valor de 15% (quinze por cento) da resolução do CONFEA se refere à imprecisão para determinação de quantidades para efeito de orçamentação, não se referindo a margens de segurança ou imprecisão relativas à projeto. Novamente, ressalta-se que é fundamental não proceder a uma análise puramente matemática, sendo necessário contextualizá-la nos aspectos construtivos e de relevância envolvidos.

Em se tratando de matéria penal, não se pode desconsiderar a baixa qualidade técnica dos projetos de engenharia, de alguns casos, e os exíguos prazos legais para se trabalhar seguindo as diretrizes orçamentárias. Não que isso seja justificativa absoluta para os danos calculados por "jogo de planilha", mas seus desdobramentos podem esclarecer e distinguir a conduta dos envolvidos. Com isso, eventualmente poderão ocorrer alguns fatos que forcem a Administração a proceder a mudanças no objeto de forma a melhor adequá-lo ou mesmo viabilizá-lo tecnicamente. Com a busca da manutenção do desconto original, da forma aqui proposta, o gestor público terá maior tranquilidade e segurança na celebração de termos aditivos.

10.2.1.1 A fraude quase perfeita

Um exemplo de caso onde deve ser considerada a parcela de "jogo de planilha" no cálculo do superfaturamento, que podemos considerar uma "fraude quase perfeita", é o que se segue.

Uma empresa pública licita obra dividida em dois grandes conjuntos:

1) Porto e terminal de cargas, orçados devidamente com preços de mercado e quantificados detalhadamente com base em projeto executivo dentro das normas aplicáveis, apresentando preço total da ordem de R$ 50.000.000,00 milhões de reais;

2) Farol oceânico num rochedo em alto mar e canal de navegação com dragagem de areia/argila e remoção de leito rochoso, orçados devidamente com preços de mercado e quantificados detalhadamente com base em projeto executivo dentro das normas aplicáveis, apresentando um preço total da ordem de R$ 50.000.000,00 milhões de reais.

Ao final do processo, três empresas se habilitam e apresentam o preço, conforme descrito na tabela a seguir.

Tabela 6 - Valores das propostas das licitantes por parte da obra – "fraude perfeita"

Empresas	Preço do Porto (R$)	Preço Farol (R$)	Preço Total (R$)	Desconto em relação ao preço de referência do edital (%)
Empresa A	40.000.000,00	42.000.000,00	82.000.000,00	- 18,0
Empresa B	42.000.000,00	41.000.000,00	83.000.000,00	- 17,0
Empresa C	49.500.000,00	30.000.000,00	79.500.000,00	- 20,5

Dessa forma, por se tratar de licitação tipo menor preço global, a empresa C vence o certame com desconto original de 20,50% (vinte vírgula cinqüenta por cento) em relação ao preço de mercado, que é o ponto de equilíbrio econômico-financeiro do contrato, em comparação aos descontos originais de 18% e 17% (dezoito e dezessete por cento), respectivamente, da segunda (A) e terceira colocadas (B).

Se a obra fosse toda executada e paga com esses valores não haveria irregularidade alguma. Todavia, decorrido mais de um ano de contrato e com a obra do porto já bem adiantada, a empresa C recebe uma comunicação da empresa pública contratante informando, sem maiores explicações, que não havia mais interesse de executar a obra do Farol e do canal de navegação naquele momento. Ciente de que supressões (alterações contratuais) maiores que 25% (vinte e cinco por cento) do valor inicial do contrato só podem ser celebradas de comum acordo entre as partes, solicitava que a empresa C aceitasse a supressão amigavelmente.

Após um mês, a empresa C responde que lamenta a supressão de parte do seu contrato (obra pública), mas em nome da boa relação entre as empresas, aceita a supressão proposta relativa ao farol e ao canal de navegação. Assim, a empresa C conclui a sua obra com um subpreço de 1% (um por cento) em relação ao preço de mercado com a parte restante (Porto).

A Administração promoveu, no caso, uma alteração que não tinha base técnica ou oriunda de fato imprevisível. No mínimo foi fruto de erro de planejamento ou gestão, porém essa ação causou um enorme dano ao erário com a perda do desconto original de 20,50% (vinte vírgula cinqüenta por cento) para 1% (um por cento) no final do contrato, ainda com o agravante de que duas outras empresas ganhariam a licitação com preços bem menores, consideradas as novas quantidades. Não calcular a parcela de superfaturamento nesse caso, de modo a possibilitar ao Judiciário a determinação de seu ressarcimento, seria o mesmo que homologar uma prática tão abusiva. Para evitar isso é que se desenvolveu o método do desconto, adotado no texto das últimas LDOs.

Dessa forma, mantendo-se o desconto original global, a obra restante (porto) deveria ter sido paga no valor de R$ 39.750.000,00 (trinta e nove milhões, setecentos e cinqüenta mil reais) ao invés do valor pago de

R$ 49.500.000,00 (quarenta e nove milhões e quinhentos mil reais) . Tal fato resulta numa parcela de superfaturamento, devido ao "jogo de planilha", da ordem de R$ 9.750.000,00 (nove milhões e quinhentos mil reais). Note-se que a fraude ocorreu em uma situação de subpreço original e final, tomando-se por base o preço médio de mercado.

Paralelamente a isso, a investigação deve buscar identificar a ocorrência de conluio, o vazamento de informações, atos de corrupção passiva e ativa, dentre outros ilícitos. Independentemente dessas ações complementares, o superfaturamento restaria comprovado e cumprido o dever da perícia de engenharia.

Como exemplo de caso real, selecionou-se uma obra de pavimentação que dentre os itens substituídos destacam-se os de base e sub-base. A sub-base estava prevista para ser executada em solo-cal a 4% (quatro por cento), substituída por solo arenoso e a base em solo-brita que foi substituída por solo melhorado com cimento. O "jogo de planilha" destes itens é ressaltado na tabela 7.

Tabela 7 - Tabela de Cálculo do "Jogo de Planilha" para Base e Sub-Base

Itens	Contrato (R$)		Executado (R$)	
	Empresa	Referência	Empresa	Referência
Sub-base de solo-cal a 4%, estabilizada granulometricamente	2.942.295,00	5.966.512,70	0,00	0,00
Sub-base de solo arenoso estabilizado com mistura de areia em usina	0,00	0,00	2.577.192,00	2.108.961,27
Base de solo-brita (75% - 25%)	8.412.525,00	12.644.952,75	0,00	0,00
Base de solo melhorado com cimento, misturado em usina	0,00	0,00	6.204.013,50	4.954.611,27
SUBTOTAL	11.354.820,00	18.611.465,44	8.781.205,50	7.063.572,54
Diferença entre questionado e referência	**-7.256.645,44**		**1.717.632,96**	
"Jogo de planilha" (diferença das diferenças)			**8.974.278,41**	

Cabe esclarecer, que para o cálculo do "jogo de planilha" considera-se o valor de referência como o valor de mercado, aplicado o desconto original obtido na licitação, visando à manutenção do equilíbrio econômico-financeiro do contrato.

Ainda que, pela análise dessa tabela, se argumentasse que nos serviços equivalentes gastou-se menos dinheiro em valores absolutos, devemos atentar para o fato de que, no contrato, a empresa ofereceu uma economia de mais de sete milhões de reais nesses itens, e, por meio do primeiro termo aditivo, reverteu esta vantagem ao erário em uma desvantagem de quase 2 milhões de reais. Assim, fica demonstrado que essas alterações não mantiveram o equilíbrio inicial do contrato (desconto original), causando um dano ao erário, no caso provocado por "jogo de planilha".

10.2.2 Cálculo do Superfaturamento Exclusivamente Devido ao "Jogo de Planilha"

O caso clássico será a verificação da supressão de itens com valor muito abaixo do referencial de mercado e o acréscimo de outros muito acima do referencial de mercado. Essa é a ocorrência mais característica dessa fraude, porém existem outras situações e detalhes a serem considerados. Para verificarmos a ocorrência de "jogo de planilha", teremos basicamente duas situações:

a) Em ambiente de subpreço original ou

b) Em ambiente de sobrepreço original.

No caso da primeira hipótese (subpreço original), deve-se subtrair, em termos percentuais, o sobrepreço original do superfaturamento devido aos preços e ao "jogo de planilha" (sobrepreço final), numa aplicação do método do desconto:

$$SF_{JP}(\%) = SF_{PT}(\%) - SP_{O}(\%)$$

Equação 16 - Cálculo da diferença dos percentuais do sobrepreço final subtraído do sobrepreço original

Onde:

SF_{JP} Superfaturamento devido ao "jogo de planilha"

SF_{PT} Superfaturamento devido ao sobrepreço final (original e "jogo de planilha")

SP_{O} Sobrepreço original

Para a obtenção desse valor, em reais (monetários), aplica-se o percentual obtido sobre o custo de reprodução, isto é:

$$SF_{JP} = SF_{JP}(\%) \cdot CR$$

Equação 17 - Cálculo do Superfaturamento devido ao "jogo de planilha" em R$

Onde:

SF_{JP} Superfaturamento devido ao "jogo de planilha"

CR Custo de reprodução da obra executada

Já no caso da segunda hipótese (sobrepreço original), a diferença é que a subtração deve ocorrer em termos monetários, aplicação do método do balanço:

$$SF_{JP}(R\$) = SF_{PT}(R\$) - SP_{O}(R\$)$$

Equação 18 - Cálculo do Superfaturamento devido ao "jogo de planilha" em R$

Onde:

SF_{JP} Superfaturamento devido ao "jogo de planilha"

SP_{O} Sobrepreço original

SF_{PT} Superfaturamento devido ao sobrepreço final (original e "jogo de planilha")

Ambas podem ser calculadas, individualmente, por item de planilha, para tanto, bastando aplicarmos a devida formulação matemática em cada situação. Esse procedimento, que pode ser facilmente automatizado em planilha eletrônica, facilita a compreensão de quais serviços estão causando superfaturamento por "jogo de planilha".

Cabe aqui um destaque sobre a tolerância do método apresentado. Intui-se que não é devido imputar ao contratado uma situação que leve a um desconto final maior que o original sem a sua concordância, caso das alterações consensuais. Nesse ponto, o método do balanço não se mostra totalmente aplicável, em ambiente de subpreço original, já que em algumas situações (especialmente na supressão de serviços baratos) pode levar a descontos superiores ao original.

11 SUPERFATURAMENTO POR ALTERAÇÕES DE CLÁUSULAS FINANCEIRAS

11.1 Análises de Superfaturamento por Alterações de Cláusulas Financeiras

Ao contrário das cláusulas contratuais de serviço, as quais podem ser alteradas de forma unilateral pela Administração, de acordo com disposto no inciso I do art. 65 da Lei nº 8.666/93, e com observância das disposições dos parágrafos subsequentes, do mesmo artigo, as cláusulas financeiras do contrato somente podem ser alteradas mediante acordo entre as partes, Administração e contratado, conforme explicitado no inciso II e suas alíneas a, b, c e d, a seguir transcritos:

> *"Art. 65 – Os contratos regidos por esta Lei poderão ser alterados, com as devidas justificativas, nos seguintes casos:*
>
> *[...]*
>
> *II – por acordo das partes:*
>
> *a) quando conveniente a substituição da garantia de execução;*
>
> *b) quando necessária a modificação do regime de execução da obra ou serviço, bem como do modo de fornecimento, em face de verificação técnica da inaplicabilidade dos termos contratuais originários;*
>
> *c) quando necessário a modificação da forma de pagamento, por imposição de circunstâncias supervenientes, mantido o valor inicial atualizado, vedada a antecipação de pagamento, com relação ao cronograma financeiro fixado, sem a correspondente contraprestação de fornecimento de bens, ou execução de obra, ou serviço;*
>
> *d) para restabelecer a relação que as partes pactuaram inicialmente entre os encargos do contratado e a retribuição da Administração para a justa remuneração da obra, serviço, ou fornecimento, objetivando a manutenção do equilíbrio econômico-financeiro inicial do contrato, na hipótese de sobrevirem fatos imprevisíveis, ou previsíveis porém de consequências incalculáveis, retardadores, ou impeditivos da execução do ajustado, ou ainda, em caso de força maior, caso fortuito, ou fato príncipe, configurando álea econômica extraordinária e extracontratual."*

Portanto, alterações entre os valores contratados e pagos somente poderão ocorrer nos seguintes casos:

a) reajustamento: é a atualização do valor contratual em face da inflação, através da aplicação, nas parcelas devidas, de índices setoriais, que refletem, com maior exatidão, a variação de preços;

b) atualização: é a atualização financeira das parcelas do contrato pagas pela Administração com atraso;

c) compensação e penalização: são as compensações financeiras e as penalizações cobradas pela Administração ao contratado por eventuais atrasos de execução da obra ou de suas parcelas, a fim de compensar o maior tempo sem a sociedade usufruir do empreendimento e dos acréscimos dos custos de fiscalização;

d) desconto: é o abatimento financeiro pelo pagamento antecipado de parcelas devidas pela Administração;

e) recomposição: repactuação do contrato, por acordo entre as partes, nas condições estipuladas pela alínea "d" do inc. II do art. 65, transcrito anteriormente.

Ressalta-se, que os casos das alíneas "a" à "d", devem estar previstos no edital e no próprio contrato, não sendo caracterizados como alteração de cláusula financeira por força do art. 65, § 8º, e do art. 40, inc. XIV, alínea "d", da Lei nº 8.666/93, e, portanto, dispensando a celebração de aditivos.

A impossibilidade de alteração unilateral das cláusulas financeiras presta-se a salvaguardar a equação econômico-financeira do contrato, pois, se a Administração fosse autorizada a proceder a alteração unilateral dessas cláusulas, permitindo a redução da remuneração a que tem direito o contratado pelo cumprimento do seu encargo, os particulares não teriam interesse em contratar com o Poder Público, uma vez que o motivo para se engajarem em contrato administrativo é a obtenção de lucro para sustentabilidade de seus negócios ou, ainda, se viessem a contratar, temerária seria a execução do contrato em sua totalidade.

Frise-se que, mesmo quando a Lei impõe a obrigação do contratado aceitar a alteração unilateral de cláusulas de serviço pelo Poder Público, assegura-lhe o direito à manutenção do equilíbrio econômico-financeiro, mantendo inalteradas as cláusulas financeiras.

No entanto, isso não significa dizer que o equilíbrio econômico-financeiro é uma via de mão única; ao contrário, também é garantia para a Administração, pois a teoria do equilíbrio econômico-financeiro é baseada em razões de equidade, bem como nos princípios da razoabilidade, proporcionalidade e boa-fé. Além disso, visa assegurar a manutenção das vantagens obtidas pela escolha da proposta mais vantajosa para a Administração através do processo licitatório.

Porém, existem inúmeros subterfúgios disponíveis que podem, diretamente ou indiretamente, alterar irregularmente as cláusulas financeiras inicialmente pactuadas em desfavor da Administração. As principais encontram-se mais detalhadamente descritas nos itens seguintes.

11.1.1 Superfaturamento por Recebimentos Contratuais Antecipados

Os artigos 62 e 63 da Lei nº 4320/64, a seguir transcritos, definem que os pagamentos somente poderão ser efetuados após a sua regular liquidação de despesa.

> "Art. 62. O pagamento da despesa só será efetuado quando ordenado após sua regular liquidação.
> Art. 63. A liquidação da despesa consiste na verificação do direito adquirido pelo credor tendo por base os títulos e documentos comprobatórios do respectivo crédito.
> § 1º Essa verificação tem por fim apurar:
> I - a origem e o objeto do que se deve pagar;
> II - a importância exata a pagar;
> III - a quem se deve pagar a importância, para extinguir a obrigação.
> § 2º A liquidação da despesa por fornecimentos feitos ou serviços prestados terá por base:
> I - o contrato, ajuste ou acordo respectivo;
> II - a nota de empenho;
> III - os comprovantes da entrega de material ou da prestação efetiva do serviço."

Portanto, é vedada a antecipação de pagamentos ao contratado sem que haja a efetiva comprovação da sua prévia contrapartida, salvo em casos excepcionais, conforme os termos do Acórdão nº 606/06, do TCU, *"mediante as indispensáveis cautelas ou garantias, efetuando-se, posteriormente, os respectivos descontos nos créditos da empresa contratada em valores atualizados na forma do contrato"*.

Sobre o tema em questão, o TCU, Acórdão nº 1442/03, se manifestou nos seguintes termos:

> *"Quanto ao pagamento antecipado, forçoso reconhecer que ele não é vedado pelo ordenamento jurídico. Em determinadas situações ele pode ser aceito. Mas esta não é a regra. Ordinariamente o pagamento feito pela Administração é devido somente após o cumprimento da obrigação pelo particular... Julgo mais adequado condicionar a possibilidade de pagamento antecipado à existência de interesse público devidamente demonstrado, previsão no edital e exigência de garantias."*

Realmente, a possibilidade de pagamentos antecipados encontra-se prevista no art. 40, inc. XIV, alínea "d" da Lei 8.666/93, como exceção à regra geral da proibição. Entretanto, não tão raramente percebe-se pagamentos antecipados, não previstos em edital, sem a prévia contrapartida do contratado, os quais representam diminuição da parcela de custos financeiros da empresa inicialmente previstos para a realização do objeto contratual, estes normalmente alocados na composição do BDI. Tal prática, mesmo que o serviço seja prestado em período posterior ao seu pagamento, fere a própria legislação e resulta em aumento da margem de lucro da empresa por ganhos financeiros em detrimento da Administração, provocando, irregularmente, um desequilíbrio econômico-financeiro no contrato em favor da empresa, que deve ser objeto de apuração e caracterização de responsabilidade pelos órgãos de controle da Administração Pública.

Como regra geral, mesmo que haja a prévia comprovação da prestação do serviço, a Administração tem por lei **até 30 (trinta) dias para efetuar o pagamento da despesa**, cujos custos financeiros relativos a esse prazo devem ser considerados pelas empresas na composição do seu BDI. Portanto, quando a Administração eventualmente efetuar o pagamento antes desse prazo, **pode realizar descontos previstos em edital**, consoante o disposto no art. 40, inciso XIV, alínea "d", da Lei 8.666/93, a fim de manter o equilíbrio econômico-financeiro pactuado. A propósito transcreve-se:

> *"XIV - condições de pagamento, prevendo:*
> *a) prazo de pagamento não superior a trinta dias, contado a partir da data final do período de adimplemento de cada parcela; (Redação dada pela Lei nº 8.883, de 1994)*
> *b) cronograma de desembolso máximo por período, em conformidade com a disponibilidade de recursos financeiros;*
> *c) critério de atualização financeira dos valores a serem pagos, desde a data final do período de adimplemento de cada parcela até a data do efetivo pagamento; (Redação dada pela Lei nº 8.883, de 1994)*
> *d) compensações financeiras e penalizações, por eventuais atrasos, e descontos, por eventuais antecipações de pagamentos;"*

A falta de desconto nas antecipações nos pagamento (após o adimplemento – geralmente o prazo após o atesto das faturas) é de rara casuística na esfera criminal da Polícia Federal, e, em geral, de pequena monta, em relação às práticas tradicionais de superfaturamento explanadas anteriormente, e mesmo em relação ao tipo de superfaturamento estudado nesse capítulo. Infelizmente, em algumas repartições, ainda ocorre atrasos no pagamento, criando situações contratuais que podem ser problemáticas para os contratados. Todo o esforço deve ser enveredado, para que se paguem as faturas dentro dos prazos legais, objetivando evitar argumentações sobre esse tema. Logo, a falta desse desconto é um tipo de superfaturamento, porém não será tratado em capítulo específico, pela sua simplicidade e menor potencial lesivo ao erário. Acredita-se que somente em casos excepcionais ele, um dos principais tipos de superfaturamento, em caso concreto.

Retornando ao dano estudado, ou seja, a antecipação de pagamentos sem a execução física do serviço cobrado, para se calcular essa parcela de superfaturamento, primeiro devemos estabelecer o período de tempo entre a antecipação do pagamento e a data da sua devida cobrança. Definido esse período, será então necessário estabelecer qual a aplicação financeira a ser considerada.

Em uma ação civil pública, de responsabilização por atos de improbidade administrativa relativa a *"obras e serviços de engenharia, para execução de obras de infra-estrutura do sistema viário, da área de carga aérea e área de apoio do Aeroporto Internacional de Viracopos/Campinas-SP"*, Concorrência Pública nº 046/CNSP/SBKP/99, vencida pela empresa Talude Comercial Construtora Ltda. (TC nº 020/CNSP/ADSP/2000, assinado em 14/06/2000), **foi definido o custo de oportunidade de recursos pagos antecipadamente** como resultante da aplicação no Fundo BB Extramercado, tipo fundo bancário de renda fixa, haja vista que **é ele que remunera os recursos das empresas públicas federais**, em concordância com a Resolução BACEN nº 2.108, de 1209 1994, que trata das disponibilidades das entidades da Administração Federal Indireta e das Fundações supervisionadas pela União. Transcreve-se trecho, resumo, do Parecer Técnico nº 036/2004 da Assessoria do Ministério Público Federal:

> *"No Parecer Técnico nº 036/2004, a Assessoria do Ministério Público Federal expressou sua conclusão (Vol. III, fls. 426/427) de que* **"houve perda de renda para INFRAERO no valor (atualizado até 12.09.2002) de R$ 243.914,56 (duzentos e quarenta e três mil, novecentos e quatorze reais e cinquenta e seis centavos)***, por conta de adiantamentos à empreiteira TALUDE, tendo em vista o custo de oportunidade desses recursos caso tivessem sido aplicados no Fundo BB Extramercado."*

Assim, o superfaturamento devido à recebimentos contratuais antecipados (SF$_{ra}$) será calculado com a definição do valor antecipado, do período, até o momento em que cessar a antecipação e da aplicação financeira pertinente. Poderão ser calculadas várias sub-componentes, uma vez que, pode ocorrer mais de uma antecipação no mesmo contrato.

No caso prático, sua identificação é mais corriqueira em investigações contemporâneas ou atos da fiscalização direta do órgão executor. Assim, em perícias com grande lapso temporal, sua abordagem deve ser feita com muito cuidado, considerando-se a natureza dos serviços próprios de obras de engenharia e as formas de medição, devendo ser encarada com prudência e com a devida tolerância, tendo em vista que o mais importante é a execução dos serviços, sendo muito salutar o controle de eventuais distorções no cronograma físico-financeiro da obra por parte de uma zelosa fiscalização. Em casos normais de perícia criminal, a análise do cronograma físico realizado e da lógica construtiva será um dos caminhos a percorrer para a elucidação dos fatos.

11.1.2 *Superfaturamento por Distorção do Cronograma Físico-Financeiro*

Outra forma da empresa antecipar indevidamente recebimentos, ou seja, pagamentos antecipados pelo Poder Público, é apresentar, na época da licitação, proposta com preços unitários superiores aos de mercado nos serviços a serem executados inicialmente, compensando-os com reduções significativas nos preços dos serviços a executar no final do contrato, de forma a manter o valor global do contrato dentro dos valores de mercado. Isso vai provocar uma distorção no cronograma físico-financeiro da obra, que seria o correto, embora esteja de acordo com o proposto pela empresa e que faz parte do contrato. Tal desequilíbrio entre valor pago e serviço prestado, no início do contrato, propicia ao contratado auferir ganhos financeiros às custas da Administração e, até mesmo, após executar os serviços que lhe beneficiam, paralisar a obra sob a alegação dos serviços restantes encontrarem-se em desequilíbrio econômico-financeiro. Pode ainda utilizar tais valores para aumentar seus ganhos através de "jogo de planilha" em futuros termos aditivos, conforme já demonstrado. Tal conduta já foi matéria objeto de exame pelo TCU, Acórdão nº 253/02, e sua detecção é possível através das análises descritas nesse capítulo. A seguir transcrição de texto do referido Acórdão do TCU:

> *"O fato de os processos licitatórios terem sido realizados em regime de preço global não exclui a necessidade de controle dos preços de cada item. É preciso ter em mente que, mesmo nas contratações por valor global, o preço unitário servirá de base no caso de eventuais acréscimos contratuais, admitidos nos limites estabelecidos no Estatuto das Licitações. Dessa forma, se não houver a devida cautela com o controle de preços unitários, uma proposta aparentemente vantajosa para a administração pode se tornar um mau contrato. Esse controle deve ser objetivo e se dar por meio de prévia fixação de critérios de aceitabilidade dos preços unitários e global, tendo como referência os valores praticados no mercado e as características do objeto licitado".*

Para o cálculo da eventual parcela do superfaturamento por distorção do cronograma físico-financeiro é necessário um balanço de diferenças entre os valores devidos e os pagos, descontado eventual superfaturamento por falta de quantidades e/ou má qualidade. Na prática, os efeitos desse artifício são pequenos, mesmo com grandes distorções. O seu real perigo é que isso seja um "alerta" de que a contratada irá abandonar a obra ou querer aditivos alterando os itens desfavoráveis. Caso a contratada assim proceda, o seu pedido de aditivo contratual deverá ser analisado pela metodologia de verificação de ocorrência de sobrepreço e "jogo de planilha" preconizada nos capítulos anteriores. A seguir, apresenta-se tabela e gráfico modelo de uma situação hipotética.

Mês	cronog. Efetivamen-te pago acumulado (R$)	cronog. físico com preços contrato acumulado (R$)	cronog. físico devido acumulado (R$)	cronog. Efetivamen-te pago (R$)	cronog. físico com preços contrato (R$)	cronog. físico devido (R$)	Diferença entre o executado de contrato e o devido (R$)	Custo de oportunidade dos recursos pagos na data do último pagamento (R$)	Índice de correção dos recursos do órgão (%)	Índice de correção dos recursos do órgão acumulado (%)
1	100	90	50	100	90	30	60	4,22	1,00%	1,000%
2	200	180	75	100	90	25	65	3,88	0,80%	1,808%
3	300	270	115	100	90	40	50	2,57	0,60%	2,419%
4	400	350	150	100	80	35	45	2,03	1,20%	3,648%
5	500	450	220	100	100	70	30	0,98	1,00%	4,684%
6	600	540	370	100	90	150	-60	-1,35	0,50%	5,208%
7	700	620	495	100	80	125	-45	-0,78	0,60%	5,839%
8	800	720	645	100	100	150	-50	-0,57	0,15%	5,998%
9	900	810	805	100	90	160	-70	-0,69	0,98%	7,037%
10	1000	860	880	100	50	75	-25			

Somatórios   1000   860   860   0   10,3 Data-base mês 10

Superfaturamento por distorção de cronograma físico-financeiro (R$)   9,63 Data-base zero

% de superfaturamento por distorção de cronograma físico-financeiro em relação ao CR (data-base inicial)   1,119%

* sem considerar eventuais diferenças em faturas de reajustes (geralmente após um ano)

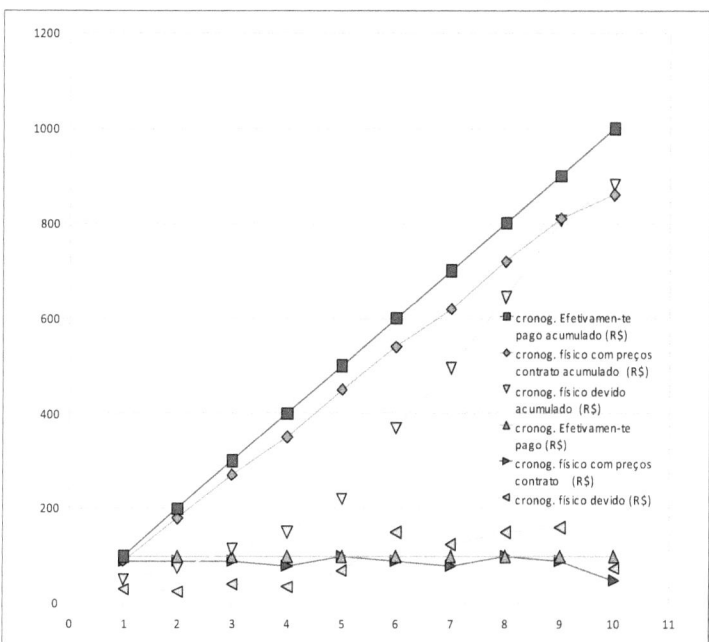

Figura 11 - Exemplo Hipotético de Distorção do Cronograma Físico-Financeiro

11.1.3 Superfaturamento por Prorrogação Injustificada do Prazo Contratual

Prorrogar injustificadamente o prazo de execução da obra ou de suas parcelas, além de retardar os benefícios do empreendimento à sociedade, pode acarretar despesas extras à Administração pela aplicação de novos reajustamentos de preço advindos da dilatação de prazo.

Cabe ressaltar, que há o entendimento de que são indevidos os reajustamentos advindos por prorrogação de prazo não causada pela Administração, conforme consignado em ementa do Acórdão da apelação cível nº 2001.04.01.078680-0/RS, do Tribunal Regional Federal da 4ª Região em caso concreto:

> *"1. Tendo a parte autora concordado que o valor relativo à obra seria fixo e não reajustável, não é admissível o pedido de reajustamento da quantia previamente estabelecida.*
>
> *2. A prorrogação de prazo para o término das obras não ocorreu por culpa da Administração, pois tal pedido partiu do próprio demandante.*
>
> *3. O art. 57 da Lei nº 8.666/93 estabelece as hipóteses em que se admite a prorrogação dos contratos e o reajuste dos valores fixados, como forma de manter o equilíbrio econômico-financeiro. A alegação de que adversidades climáticas seriam a causa do atraso das obras não se enquadra em nenhuma das situações previstas na norma legal."*

Nesse caso se apresentam dois tipos de dano ao erário:

a) Valor da fatura de reajustamento pago indevidamente; e

b) Custo de oportunidade pelo não uso do imóvel ou do empreendimento.

O primeiro tipo está incluso no conceito geral de superfaturamento proposto. Já o segundo é um tipo de dano ao erário, a parte, ou seja, o custo de oportunidade pode ser arbitrado pelo custo de aluguel do imóvel pelo período em que o mesmo não estiver disponível. É importante que esse dano não se sobreponha ao valor de eventual multa administrativa contratual por atraso.

Ressalta-se, aqui, que se tratam de casos não justificados, considerando-se que o prazo de execução de uma obra é uma das tarefas mais complexas de seu planejamento, e, com certeza, passível de ajustes desde que tecnicamente justificados.

Na prática, o superfaturamento devido por prorrogação injustificada do contrato será o eventual reajuste pago, quase sempre na proximidade do período de um ano e seus múltiplos. Como sempre, o bom senso deve pautar a análise para evitar injustiças ou arbitrariedades.

11.1.4 Superfaturamento por Reajustamentos Irregulares de Preços

O reajustamento contratual está previsto no artigo 40, inc. XI, da Lei nº 8.666/93 cujo critério a ser adotado no contrato deverá constar no edital e "*retratar a variação **efetiva** do custo de produção, admitida a adoção de índices específicos, ou setoriais, desde a data prevista para apresentação da proposta, ou do orçamento a que essa proposta se referir, até a data do adimplemento de cada parcela*".

Ressalta-se, que com o advento do Plano Real (artigos 11 e 12 da Lei nº 8.880, de 27 de maio de 1994), há a proibição da previsão ou concessão de reajustes em prazo inferior a 12 meses.

Portanto, pode ocorrer a prática de pagamentos indevidos por reajustamento em prazo inferior a um ano. Mais grave torna-se quando não há previsão de reajustamento explícito no edital, motivo que pode induzir as empresas a considerarem em seu BDI um reajustamento anual, o qual é usualmente praticado pela Administração. Dessa forma, a incidência ocorrerá mensalmente, configurando um desequilíbrio financeiro do contrato inicial em favor da empresa.

Outra forma de possível desequilíbrio econômico-financeiro é a adoção de critérios de reajustamento com índices que não reflitam da melhor forma a variação dos custos do objeto contratado. Exemplos seriam desde a aplicação de índices não condizentes com o objeto em execução, como o uso de indicadores de variação dos preços de combustível para reajuste de contratos de serviços de escavação e transporte, até o uso de indicadores médios de inflação quando melhor seria aplicar índices setoriais, como por exemplo o uso do IPC ao invés do INCC, para contrato de obras da construção civil.

Mesmo que o índice de reajustamento usado seja o mais adequado disponível, é necessário verificar nos contratos de longa duração se o índice realmente tem conseguido refletir a variação de preços do mercado. Por isso, faz-se necessário um teste comparativo entre o preço reajustado do contrato e o preço de mercado do serviço à época do pagamento, com a finalidade de verificar um possível desequilíbrio econômico-financeiro.

Nesse sentido, houve manifestação do TCU, através da Decisão nº 1045/2000, Processo nº 675.116/1998-8, sobre o assunto, em síntese, nos seguintes termos:

> " [...] Chegamos à conclusão que o contrato sofreu desequilíbrio econômico financeiro devido a dois fatores, o primeiro devido à aplicação de um índice único de reajuste, e segundo devido ao grande lapso de tempo, quase três anos, ocorrido entre a contratação e o efetivo início das obras, com o agravante deste espaço temporal ser imediato à implantação do Plano Real, no qual ocorreram expressivas variações de preços não necessariamente captadas por índices genéricos de atualização monetária. Este eventual descompasso entre os preços praticados hoje e aqueles existentes quando da contratação é em nosso entender um fato se previsível, pois após um longo processo inflacionário é natural que haja mudanças de preços, inclusive para menos, devido às novas condições econômicas em que o processo produtivo resta inserido, de consequências incalculáveis, pois a quantificação prévia da variação de preços de insumos não é de forma alguma possível. Cabe lembrar, que a problemática neste ponto relatada, não necessariamente estaria solucionada caso adotássemos índices adequados de correção monetária, haja vista trabalharem os índices de correção com uma gama muito vasta de produtos e que um específico produto pode não ter sua variação de preços efetivamente demonstrada pelo índice, produto este que pode ter participação significativa em determinado instrumento contratual, como tubulação no presente caso, afetando o equilíbrio econômico financeiro da avença. Isto posto, propomos seja determinado ao responsável a reavaliação dos preços praticados no Contrato 055/94 de modo a compatibilizá-los com aqueles praticados no mercado, nos termos da Lei 8.666/93, art. 65, inciso II, alínea "d".
> [...]) o desequilíbrio do contrato é uma realidade, sendo adequada a determinação proposta para a reavaliação dos preços praticados no Contrato 55/94; - tal reavaliação deve, necessariamente, objetivar o ressarcimento ao Erário do prejuízo causado pela utilização de preços injustificadamente altos, sendo que a não reavaliação desses preços deve ser causa de instauração de tomada de contas especial; [...]"

Portanto, admitir-se que os preços dos serviços extrapolem os preços de mercado, mesmo que causados pelos reajustamentos corretamente previstos contratualmente, seria o mesmo que prescindir da vantagem oferecida pela proposta, pelo que restaria inócua a licitação realizada. Os preços devem, pois, durante toda a execução do contrato, estar em consonância com os preços praticados no mercado, bem como atender às variações toleráveis nos preços, conforme previsão nos editais correspondentes, de forma a manter o equilíbrio econômico-financeiro inicialmente pactuado.

O cálculo necessitará de análises anuais nas datas-base do contrato e sua comparação com preços de mercado e os índices devidos. Mais uma vez, pequenas variações devem ser toleradas de forma a não caracterizar um dano efetivo e sim margem de segurança das imprecisões intrínsecas a qualquer método de avaliação.

Na prática, esse problema é gritante em contratos que se prolongam por anos e até décadas, evidenciando que, no mínimo, não se trata da mais adequada prática de gestão de contratos administrativos.

11.1.5 Cálculo do superfaturamento por alterações de cláusulas financeiras

Ao final, todas essas eventuais parcelas somadas representarão no denominado superfaturamento devido às alterações de cláusulas financeiras (SF_{CF}). Como já exposto, seu imputamento deve se pautar por enorme rigor técnico e análise global balanceada, de forma a bem esclarecer a verdade real dos fatos. Mais uma vez ressaltamos a necessidade de foco e relevância das perícias para o seu sucesso. Assim, a execução desses extensos exames, geralmente, só deve ocorrer em situações específicas. A fórmula abstrata, considerando os valores, individualmente adequados para uma data-base, passada ou futura, estabelecida, seria a seguinte:

$$SF_{CF} = SF_{RA} + SF_{DC} + SF_{PI} + SF_{RI}$$

Equação 19 - Cálculo do Superfaturamento devido às alterações de cláusulas financeiras em R$

Onde:

SF_{CF} Superfaturamento devido às alterações de cláusulas financeiras

SF_{RA} Superfaturamento devido aos recebimentos contratuais antecipados

SF_{DC} Superfaturamento devido à distorção do cronograma físico-financeiro

SF_{PI} Superfaturamento devido à prorrogação injustificada do prazo contratual

SF_{RI} Superfaturamento devido aos reajustamentos irregulares

12 CÁLCULO DO SUPERFATURAMENTO TOTAL

O superfaturamento total é calculado pela soma das parcelas devidas à falta de quantidades e/ou má qualidade, aos preços, ao "jogo de planilha" e às alterações de cláusulas financeiras, calculadas para a data-base definida, conforme a existência e pertinência de cada uma delas, analisadas separadamente conforme preconizado.

$$SF = SF_Q + SF_P + SF_{JP} + SF_{CF}$$

Equação 20 - Cálculo do Superfaturamento Total em R$

Onde:

SF Superfaturamento total

SF_Q Superfaturamento devido à falta de quantidade e/ou má qualidade

SF_P Superfaturamento devido ao sobrepreço original

SF_{JP} Superfaturamento devido ao "jogo de planilha"

SF_{CF} Superfaturamento devido às alterações de cláusulas financeiras

Em termos percentuais, o superfaturamento total pode ser expresso:

$$SF\ (\%) = \frac{SF}{CRa}$$

Equação 21 - Cálculo do percentual de Superfaturamento Total

Onde:

SF Superfaturamento total

CRa Custo de reprodução adotado da obra executada (somatório dos valores devidos)

Ressalta-se, que as parcelas de superfaturamento por alterações de cláusulas financeiras deverão ser retroagidas para a data-base inicial e pelo mesmo índice escolhido para o seu cálculo, de forma a bem homogeneizar a estimativa do seu cálculo.

Esclarece-se, que o custo de reprodução de referência, a ser adotado na fórmula de cálculo do percentual e o apresentado no resultado final, será, em algumas situações, diferente do custo de reprodução puro (CR), no método apresentado, denominou-se de Custo de Reprodução Adotado (CRa), resultado de todos as estimativas e considerações do perito, em algumas situações será equivalente ao Custo de Reprodução com Desconto (CRd), que conterá o desconto original, isto é, será o custo de reprodução calculado pelos peritos com os preços médios de mercado multiplicado pelo percentual de desconto original global, visando manter a coerência com todo o raciocínio empregado no processo e preservando a vantagem auferida pela administração pública com o procedimento licitatório.

Caso seja verificada a ocorrência de superfaturamento na obra, com certeza, os eventuais pagamentos das faturas de reajustamentos, em geral após um ano de contrato, terão, também, parte paga indevidamente, a qual deve ser calculada e considerada na fase de execução judicial, pois para a futura efetivação do ressarcimento ao erário, os valores devem ser devidamente atualizados.

Por fim, ainda recomenda-se atualizar no laudo pericial, a título ilustrativo, o montante de superfaturamento calculado através da aplicação da taxa Selic, utilizando-se a calculadora do cidadão disponível no sítio eletrônico do Banco Central do Brasil (www.bcb.gov.br).

13 OUTROS DANOS

13.1 Extrapolação dos limites legais para aditamento contratual

A Lei nº 8.666/93 preceitua que as obras e serviços de engenharia podem ser aditivados até os limites de 25% para obras e 50% para reformas. Existe grande discussão sobre a possibilidade de extrapolar esses limites no caso concreto, sobre o tema o TCU se pronunciou numa famosa decisão de 1999 que oferece seis requisitos que devem ser cumpridos cumulativamente, para autorizar o gestor a extrapolar os limites legais, transcrevem-se os principais trechos da Decisão nº 215/99-TCU:

> *"a) tanto as alterações contratuais quantitativas - que modificam a dimensão do objeto - quanto as unilaterais qualitativas - que mantêm intangível o objeto, em natureza e em dimensão, estão sujeitas aos limites preestabelecidos nos §§ 1º e 2º do art. 65 da Lei nº 8.666/93, em face do respeito aos direitos do contratado, prescrito no art. 58, I, da mesma Lei, do princípio da proporcionalidade e da necessidade de esses limites serem obrigatoriamente fixados em lei;*
> *b) nas hipóteses de alterações contratuais consensuais, qualitativas e excepcionalíssimas de contratos de obras e serviços, é facultado à Administração ultrapassar os limites aludidos no item anterior, observados os princípios da finalidade, da razoabilidade e da proporcionalidade, além dos direitos patrimoniais do contratante privado, desde que **satisfeitos cumulativamente** os seguintes pressupostos:"[grifo nosso]*

> *"I - não acarretar para a Administração encargos contratuais superiores aos oriundos de uma eventual rescisão contratual por razões de interesse público, acrescidos aos custos da elaboração de um novo procedimento licitatório;"*

> *"II - não possibilitar a inexecução contratual, à vista do nível de capacidade técnica e econômico-financeira do contratado;"*

> *"III - decorrer de fatos supervenientes que impliquem em dificuldades não previstas ou imprevisíveis por ocasião da contratação inicial;" [grifo nosso]*

> *"IV - não ocasionar a transfiguração do objeto originalmente contratado em outro de natureza e propósito diversos;"*

"V - ser necessárias à completa execução do objeto original do contrato, à otimização do cronograma de execução e à antecipação dos benefícios sociais e econômicos decorrentes;"

"VI - demonstrar-se na motivação do ato que autorizar o aditamento contratual que extrapole os limites legais mencionados na alínea "a", supra - que as consequências da outra alternativa (a rescisão contratual, seguida de nova licitação e contratação) importam sacrifício insuportável ao interesse público primário (interesse coletivo) a ser atendido pela obra ou serviço, ou seja gravíssimas a esse interesse; inclusive quanto à sua urgência e emergência;" [grifo nosso]

Para os iniciados nessa matéria é fácil perceber que o atendimento cumulativo de todos esses requisitos é uma situação praticamente impossível, na Criminalística da Polícia Federal, nunca antes identificada, caracterizada e justificada. É um tema que merece muito estudo, pois os métodos para justificar cada uma das condicionantes podem variar e não refletir a realidade. Logo, aconselha-se aos gestores a se limitar aos limites legais e investir na qualidade dos projetos e dos seus respectivos orçamentos. Existem relatos de contratos até com bastante tempo e dinheiro investidos nos projetos de engenharia e arquitetura, mas que na fase de orçamento procedem com extrema pressa levando a erros grosseiros nas planilhas de referência dos editais. Tratando-se de mega-obras, como as previstas para a Copa do Mundo de 2014 e dos Jogos Olímpicos de 2016, não existe espaço para amadorismo. Com a devida cautela os 25% de aditivo, autorizados pela Lei, se mostraram suficientes para a maioria das situações. Já para os acidentes de percurso não restará alternativa que não seja a rescisão contratual e nova licitação, é o preço da incompetência.

13.2 Superdimensionamento ou Subdimensionamento

Conceitualmente temos que Superdimensionamento, ou Subdimensionamento é a previsão de quantidades e/ou qualidade de materiais, ou serviços além, ou aquém das necessárias, segundo práticas e normas de engenharia vigentes à época do projeto.

Nessa análise, quando relevante ou base da denúncia, deverá ser refeito o dimensionamento de projeto com base nas normas aplicáveis, considerado o aspecto de contemporaneidade.

É importante destacar, que se vislumbram duas situações mais danosas ao erário:

a) Subdimensionamento: causa perda de desempenho, vida útil ou mesmo inoperância do sistema proposto;

b) Superdimensionamento: causa aquisição de serviços e materiais em quantidade superior à realmente necessária para o desempenho pretendido do sistema proposto.

A título ilustrativo, transcreve-se nota do Processo Administrativo nº. 3658/98 – TCDF, advindo da publicação "Vade-Mécum de Licitações e Contratos", de Jorge Ulisses Jacoby Fernandes:

> *"[...] o TCDF encontrou contrato de xérox superdimensionado e mandou ajustar na forma do art. 65, § 1º da Lei nº. 8666/93."*

Um exemplo típico de superdimensionamento seria a definição de uma quantidade de aparelhos de ar condicionado muito superior à real demanda de carga térmica de um ambiente ou edificação. O mesmo entendimento vale para as estruturas portantes.

Dentre as várias ocorrências de falhas de projetos, pode-se citar o exame pericial dos ensaios geotécnicos de controle da execução do pavimento de uma pista de pouso e decolagem de um contrato de obra aeroportuária. Por meio do qual foi possível perceber que a resistência do solo medida pelo ensaio de *California Bearing Ratio – CBR* foi sistematicamente subestimada levando ao superdimensionamento da espessura do pavimento da pista de pouso.

Utilizando o *mix* de aeronaves[16] informado na memória de cálculo do projeto executivo e refazendo o cálculo da espessura total do pavimento flexível utilizando a informação real, CBR de projeto de 13 % invés de 7%, necessitar-se-ia de uma espessura total de 63,5 centímetros – 25" polegadas. Vide Figura 3. A espessura total adotada na memória do projeto executivo foi de 94 centímetros, ou seja, 48% maior. Na figura 17 é possível perceber a influência no valor do CBR na definição da espessura do pavimento.

A princípio, esse tipo de fraude poderia se encaixar no conceito de superfaturamento proposto no presente livro.

Nesse momento, evitou-se o tratamento conjunto, do superfaturamento por superdimensionamento, com os demais tipos de superfaturamento assinalados no presente método, pelo simples fato de que a sua metodologia de apuração de dano financeiro ainda estar sendo definida pela Criminalística da Polícia Federal, pois as seguintes hipóteses estão sendo estudadas:

a) Tese da equivalência ao superfaturamento por falta de quantidades – Considerado o serviço superdimensionado todo o valor pago seria superfaturado, semelhante a um superfaturamento por falta de quantidades;

b) Tese da devolução do lucro da taxa de BDI – Nesse caso, o valor superfaturado seria apenas o lucro obtido com a atividade, resguardado o custo do serviço executado;

---

[16] O "mix" são dados planilhados que representam a segmentação do tráfego de aeronaves – atual ou futuro (projetado/estimado) - de determinado aeródromo, dividido em categorias, relacionada com suas dimensões.

c) Tese da devolução do lucro da taxa de BDI real estimada – Semelhante a anterior, porém com análise da taxa de BDI retroalimentada pelo eventual superfaturamento total apurado.

Todavia, a indefinição do método de mensuração do dano ao erário, não exime o perito de relatar a ocorrência de superdimensionamento de projeto de engenharia.

Esse é um dos tipos de fraudes mais difíceis de serem identificadas e comprovadas. Apesar disso, sua inclusão no texto desse livro se deve ao fato de que essa prática também é um dos principais argumentos para justificar o superfaturamento por "jogo de planilha". As falhas de projeto são justificativas técnicas amplamente utilizadas em celebrações de termos de alteração contratual por acréscimos, decréscimos e/ou supressões de quantidades. Nesse contexto, a participação do projetista (responsável técnico), seja do projeto básico ou do executivo, é fundamental, uma vez que, em tese, ao se contratar o projeto de uma obra se espera que durante sua execução os ajustes necessários sejam de pequena monta. No entanto, o que se verifica é a ocorrência de alterações contratuais significativas, mesmo após gastos expressivos com os estudos preliminares e com os demais os projetos de engenharia e arquitetura.

Ainda que formalmente justificado, o dano ao erário terá ocorrido, que poderá ser insignificante ou não. No tocante à caracterização de culpa, dolo ou mesmo dolo eventual, ou seja, de responsabilidade criminal, tal assunto é da área jurídica, sendo usualmente objeto de trabalho do presidente do inquérito policial ou do responsável pela ação penal.

13.3 Danos Intangíveis ou de Difícil Mensuração

Os tipos de dano passíveis de ocorrer em função da execução de obras públicas é enorme, esse fato, dentre outros, explica a classificação de atividade de risco da construção civil, e em alguns casos esses danos poderão ser mais significativos que o próprio superfaturamento, definido no presente livro. Quando forem detectados, poderão ser citados pelos peritos criminais os seguintes outros tipos de danos:

13.3.1 Perigo de morte ou acidente

A ruptura de elementos estruturais em obras de engenharia (pontes, viadutos, metrôs, estradas, barragem, obras de contenção, etc.) é fator de apreensão e grande repercussão, mas outros aspectos de segurança também estão associados a obras públicas. A simples falta de sinalização (custo ínfimo se comparado ao custo total da obra) pode gerar acidentes, no Brasil não é raro que rodovias e avenidas recém-asfaltadas, sejam liberadas ao trânsito, sem pintura horizontal e outros elementos.

Quem visita o *Kennedy Space Center* na Flórida pode verificar na atração que é uma réplica do *Space Shuttle* um cartaz onde a Agência Espacial Norte Americana - NASA celebra o fato de que a implantação de ranhuras transversais (*grooving*), tecnologia desenvolvida por pesquisadores da NASA[17], nos trechos em curva mais perigosos das rodovias americanas do Estado da Califórnia reduziu, em dois anos de testes, em 98% os acidentes nos trechos que receberam o *grooving*.

Esse exemplo ilustra a necessidade de olhar para as obras públicas como elas realmente são projetos de engenharia voltados ao bem estar e uso da sociedade. Não haverá mudança significativa, enquanto a preocupação for a quantidade de dinheiro gasta e não em como foram investidos os recursos.

13.3.2 Danos à saúde pública ou meio ambiente

O Brasil, apesar de estar despontando como uma das potências econômicas do início do século XXI, ainda não conseguiu encontrar uma solução para as questões de saneamentos. A falta ou falhas de obras de redes e tratamento de esgotos, abastecimento de água e drenagem urbana contribuem para a proliferação de doenças, que causam uma sobrecarga sobre o sistema de saúde público e na atividade econômica de modo geral, difíceis de serem mensuradas em termos financeiros.

A mudança na forma de calcular esse "prejuízo" poderá trazer novas perspectivas no judiciário e mesmo na atitude da sociedade civil.

---

[17] NASA Saves Lives with "Groovy" Spinoff, endereço eletrônico, acessado em 18/09/10, http://www.nasa.gov/centers/langley/news/factsheets/Groove.html)

13.3.3 Ausência de geração de renda

Um dos maiores desafios da engenharia de custo é avaliação do impacto sócio-econômico da ausência, erros ou atrasos de grandes empreendimentos (plataforma de petróleo, irrigação, aeroporto, porto, etc.). O estudo desse tema poderia gerar novas cláusulas contratuais nos editais e contratos administrativos, visando a aplicação de multas e bônus por desempenho. Seria uma ótima alternativa para desatrelar o lucro dos contratados do custo total dos contratos (como é feito, atualmente, nas taxas de BDI).

13.3.4 Prejuízo social

Os equipamentos urbanos e rurais (escola, hospital, casas populares, etc.) voltados para a população mais carente apesar de relativamente de pequena monta, comparados a grandes obras de infraestrutura, tem no seu somatório, um enorme impacto no bem estar social e afetam sobremaneira o potencial de desenvolvimentos das comunidades. Como avaliar em termos financeiros que esse tipo de dano representa em pé de igualdade com os demais um vasto campo de estudos para os pesquisadores da engenharia de custos.

13.3.5 Falta de utilização

Esse tipo de dano representa uma categoria de irregularidades peculiar na casuística da Criminalística da Polícia Federal. Em algumas situações, no mínimo, por falta de planejamento, se executam a maioria dos elementos construtivos de empreendimentos, todavia, pela ausência de uma pequena parte da obra a funcionalidade da instalação, ou edificação fica comprometida, ou inoperante. Os exemplos são muitos, a famosa ponte que liga nada a lugar nenhum; rede de esgotos sem estação de bombeamento, estação de bombeamento sem rede de esgotos, a edificação com caixas de equipamento de ar condicionado mais sem forro e portas.

Mais uma vez é necessário voltar os olhos para a qualificação e melhoria dos quadros de gestores públicos, cargos alvo dos corruptos e corruptores, são, em várias ocasiões a representação fiel da máxima: pessoas erradas no lugar certo.

13.3.6 Danos ao patrimônio histórico, artístico e cultural

Um tema fascinante é o estudo dos danos ao patrimônio histórico, artístico e cultural. Os bens tombados pelo Instituto Histórico e Artístico Nacional (Iphan), leque de competência da Polícia Federal, são na sua maioria edificações e sítios urbanos, espalhados pelo território nacional. A simples descrição do dano físico numa fachada ou arruamento não tem representado todo prejuízo causado. O melhor trato dessa matéria permitirá que os operadores do Direito atuem de forma mais contundente na preservação do patrimônio nacional.

13.3.7 Dano moral à imagem da Administração

Por fim, uma faceta moderna, que vai além dos limites da engenharia de custos é possibilidade de se estimar o dano, à Administração ou terceiros, causados pela exposição negativa de órgãos ou empresas públicas a escândalos de corrupção. Em empresas com ações negociadas na Bolsa de Valores de São Paulo (Bovespa) é possível verificar efeitos, mesmo de curta duração, de práticas tidas como de má gestão. Determinados bens podem ser alvos de campanhas difamatórias, apenas para viabilizar a sua aquisição futura a preços muito inferiores ao de mercado (sem esse tipo de influência negativa). No caminho inverso, imóveis e outros ativos podem ser sobrevalorizados para que sejam vendidos futuramente.

13.4 Apresentação de Indicadores de Dano Social

Com fito de se ilustrar aos leigos a magnitude das fraudes constatadas os peritos podem fazer uso de indicadores sociais de fácil compreensão, tais como:

a) Obra inoperante = valor total aplicado / população alvo; e

b) Obra concluída ou em uso = valor superfaturamento / população alvo.

14 SOLUÇÕES PARA A CONTRATAÇÃO DE OBRAS PÚBLICAS

Os anos de trabalho nas atividades sob exame permitiram identificar alguns pontos falhos na atual estrutura governamental e legal brasileira relativa à execução de obras públicas. Nesse capítulo são apresentadas propostas idealizadas pelo autor, já debatidas, em alguns fóruns, que visam reforçar aspectos estratégicos do controle dos gastos de recursos públicos.

14.1 Criação de Órgão Central de Gestão da Engenharia Pública

A exemplo da criação da Advocacia-Geral da União (AGU), na Constituição Federal de 1988, a quem compete a defesa judicial e extrajudicial da União e as atividades jurídicas de natureza consultiva do Poder Executivo, evitando a dispersão de seus membros entre diversos órgãos públicos, é necessária a criação de um órgão para a coordenação das atividades de planejamento, projeto, fiscalização e gestão de empreendimentos relativos às obras públicas brasileiras e que nele trabalhem as pessoas da área.

Atualmente, existem dezenas, senão centenas, de equipes de engenheiros e outros servidores públicos correlatos, lidando com licitações e contratos de empreendimentos públicos, que tem por base o conhecimento de engenharia, com ênfase nos aspectos físico-financeiros.

Essas equipes possuem pouco ou nenhuma interconexão, de forma que o seu conhecimento é difundido de forma muito lenta, sejam casos de sucesso ou insucesso.

Os erros passam pela especificação de materiais e equipamentos desnecessários, uso de especificações técnicas imprecisas, não previsão de serviços necessários à execução das obras, falhas na orçamentação e não observância das devidas exigências ambientais e de patrimônio histórico.

Justamente o conhecimento do que pode dar errado é o grande anseio dos profissionais dessa área tão sensível do serviço público. A variedade de formas de fraude e montante de valores envolvidos cria grandes preocupações e níveis de estresse que podem contribuir para a ocorrência de erros ou mesmo omissões que permitem a ação de fraudadores.

Da mesma forma da AGU, sugere-se que a implantação da EGU poderia ocorrer de forma paulatina no âmbito do Ministério de Planejamento, Orçamento e Gestão (MPOG), como um quadro de profissionais cedidos de outros órgãos, como fomentadores de massa crítica. Poderiam preencher o vácuo que vem sendo ocupado pelo Tribunal de Contas da União (TCU) e pela Caixa Econômica Federal (Caixa), o primeiro na regulamentação das práticas aceitáveis nas licitações e contratos de obras de engenharia e o segundo na questão da referência de custo.

Em referência ao Direito comparado existe a experiência de Portugal que tem um Ministério de Obras Públicas com as seguintes atribuições:

> *"O Ministério das Obras Públicas, Transportes e Comunicações é o departamento governamental que tem por missão definir, coordenar e executar a política nacional nos domínios da construção e obras públicas, dos transportes aéreos, marítimos, fluviais e terrestres, e das comunicações.*
> *Atribuições*
> *a) Desenvolver o quadro legal e regulamentar das actividades da construção e obras públicas, bem como do sector imobiliário;*
> *b) Desenvolver o quadro legal e regulamentar das actividades de transportes aéreos, marítimos, fluviais e terrestres;*
> *c) Coordenar e promover a gestão e a modernização das infra-estruturas aeroportuárias e de navegação aérea, rodoviárias, ferroviárias e portuárias;*
> *d) Desenvolver e regulamentar a actividade das comunicações, bem como optimizar os meios de comunicação;*
> *e) Assegurar a coordenação do sector dos transportes e estimular a complementaridade entre os seus diversos modos, bem como a sua competitividade, em ordem a melhor satisfação dos utentes;*
> *f) Promover a actividade logística, de forma eficiente competitiva;*
> *g) Promover a regulação e fiscalização dos vários sectores tutelados. - http://www.moptc.pt/?idcat=1172"*

A Espanha também possui um órgão central para coordenar as ações de empreendimentos voltados ao transporte e outras atividades, numa clara demonstração de racionalização de recursos e melhor sinergia entre os modais disponíveis, transcreve-se extrato do sítio eletrônico do Ministério de Fomento (anteriormente denominado Ministério de Obras Públicas, Transporte e Meio Ambiente), tradução livre:

> *"Organización del Ministerio de Fomento*
> *Organigrama*
> *Corresponde al Ministerio de Fomento la propuesta y ejecución de la política del Gobierno en materia de infraestructuras y de transporte terrestre, aéreo y marítimo de competencia estatal, y el control, la ordenación y la regulación administrativa de los servicios de transporte correspondientes; la ordenación y superior dirección de todos los servicios postales y telegráficos; el impulso y dirección de los servicios estatales relativos a astronomía, geodesia, geofísica y cartografía, y la planificación y programación de las inversiones relativas a las infraestructuras y los servicios mencionados."*

> *"Organização do Ministério das Obras Públicas*
>
> *Organograma*
> *Compete ao Ministério do Desenvolvimento da proposição e execução da política do Governo em matéria de infraestrutura e de transporte terrestre, aéreo e marítimo de competência estatal, e o controle, o ordenamento e a regulamentação administrativa dos serviços de transporte correspondentes a gestão sobre todos os serviços de correios e telégrafos, e a promoção dos serviços estatais relativos a astronomia geodésica, geofísica e cartografia, mapeamento, e planejamento e programação dos investimentos para a infraestrutura e serviços mencionados."*

O novo órgão poderia se ocupar inicialmente de algumas atividades de gestão dos principais problemas enfrentados pelos órgãos executores e de controle, dentre eles estariam:

a) Unificação, gestão, armazenagem e gestão dos sistemas de referência de custos de insumos e serviços de engenharia de construção – o Sistema Nacional de Preços e Índices da Construção Civil (Sinapi) da Caixa, e o Sistema de Custos Rodoviários (Sicro) , do

Departamento Nacional de Infraestrutura Terrestre (DNIT) , tem sido as principais referências públicas de custos para orçamentação de obras públicas. A unificação das melhores práticas de cada sistema e de outros disponíveis na esfera pública e privada seria um avanço considerável na gestão de recursos públicos, somente viável com a existência de um órgão central coordenador dessa atividade.

b) Elaboração de estudos de efeito escala e outros ajustes nas cotações de preço, a própria Lei n º 8.666/93, de licitações e contratos, faz menção à devida economia de escala, em seu artigo n º 23, todavia, é um fator que tem sido constantemente negligenciado na orçamentação pública, em parte, por escassez de dados ou aplicações práticas e, também, talvez, por interesses de organizações criminosas, que se beneficiam dessas margens para superfaturar obras.

c) Reconhecimento, definição, sistematização, implementação e difusão de boas práticas de engenharia e licitação – a criação de modelos de editais, planilhas, cadernos de encargos, exigências editalícias, formas de contratação, medição e pagamento evitariam a existência das discrepâncias existentes de um órgão para o outro. Como isso se espera a diminuição dos conflitos com a jurisprudência e doutrina difundidos pelo TCU, além de, permitir um melhor intercâmbio de entendimentos dos órgãos executores e de controle.

d) Definição e avaliação de políticas públicas para as áreas de infraestrutura por meio de consistentes estudos de viabilidade técnico-econômica – a ocorrência de obras sem justificativa técnica (obras desnecessárias) poderia ser reduzida, minimizando a dispersão de recursos públicos.

A execução das políticas públicas poderia ser agregada ao novo órgão de forma gradual, a começar pelos grandes empreendimentos, e serem ampliados na medida de seu crescimento orgânico.

14.2 Fiscalização

A Lei n º 8.666/93 prevê que os contratos administrativos devem ter um servidor do órgão licitante nomeado como fiscal de contrato. Transcreve-se trechos da referida Lei:

> *"Art. 67. A execução do contrato deverá ser acompanhada e fiscalizada por um representante da Administração especialmente designado, permitida a contratação de terceiros para assisti-lo e subsidiá-lo de informações pertinentes a essa atribuição.*
> *§ 1º O representante da Administração anotará em registro próprio todas as ocorrências relacionadas com a execução do contrato, determinando o que for necessário à regularização das faltas ou defeitos observados.*
> *§ 2º As decisões e providências que ultrapassarem a competência do representante deverão ser solicitadas a seus superiores em tempo hábil para a adoção das medidas convenientes."*

Essa obrigação imposta pela Lei à Administração é um aspecto muito importante da investigação de fraudes em licitações. O servidor ou comissão deve zelar para o bom andamento contratual.

Por tratar-se de tarefa de grande responsabilidade são naturais as dificuldades encontradas, no âmbito do serviço público, para a composição de equipes especializadas e dispostas a desempenhá-las. Não existe, de forma generalizada, política de gratificação específica, o que causa o afastamento de profissionais para outras atividades burocráticas e menos críticas.

Esse fenômeno é um fator que fragiliza o sistema de controle, fornecendo uma oportunidade de atuação das quadrilhas organizadas.

Na tentativa de mitigar esse problema tem se contratado consultoria técnicas especializadas, para o fim de auxiliar o representante da Administração nessa tarefa. Porém, acontecem infiltrações de organizações criminosas, que subsidiam empresas de consultoria para apresentar preços menores e ganharem as licitações e posteriormente serem coniventes com as fraudes na execução da obra. Essas terceirizações também podem ser alvo de nepotismo, ampliando ainda mais os tipos de fraudes que podem ocorrer em obras públicas.

Logo, uma equipe de fiscalização forte e bem remunerada é um escudo da Administração para tentativas de fraudes na execução da obra.

14.2.1 Da criação da gratificação decorrente do exercício de atividades de fiscalização da execução de contratos administrativos

A cada dia que passa está mais difícil encontrar, nas repartições, servidores públicos dispostos a participar da fiscalização de projetos e obras de engenharia. Os fiscais de contratos de projetos são co-responsáveis pelos erros de projeto e principalmente pelo orçamento de referência produzido com base nos projetos e especificações. Já os fiscais de contratos de obra devem verificar a fiel execução das quantidades contratadas e da qualidade requerida. São tarefas árduas e que expõem os servidores a ações de quadrilhas especializadas, em desviar o dinheiro publico, o que coloca em risco o seu cargo público numa possível apuração disciplinar.

No entanto, apenas aumentar salários e melhorar condições de trabalho, de forma geral, de uma carreira inteira, não se mostra a solução definitiva, pois dentro de uma mesma carreira pode-se obter posições e funções menos expostas a processos disciplinares, com tarefas menos exigentes, quando comparados com a execução de obras que têm prazos extremamente restritivos. Assim, o ideal é que se pudesse remunerar, diferenciadamente, esses servidores, na proporção em que eles se expõem nessas atividades especiais.

Essa política de remuneração não é inovação, eis que semelhante tratamento já é dispensado aos servidores públicos, que ministram aulas em treinamentos internos e/ou externos nas diversas unidades de ensino, dos diversos órgãos da Administração, como a Academia Nacional de Polícia (ANP). Também, se deveria recompensar o ônus decorrente da fiscalização de contratos administrativos, atividade que resulta em grande acréscimo de responsabilidade para o servidor nela envolvido.

Uma ideia seria a criação de uma gratificação específica para essas atividades, de forma proporcional ao porte dos empreendimentos. Um exemplo, seria o anteprojeto, idealizado pelo autor, que tomou forma por meio do projeto de Lei nº 7.447/2006, da câmara dos deputados federais, na forma a seguir transcrito:

> *"Altera a Lei n º 8.112, de 11 de dezembro de 1990, que "dispõe sobre o regime jurídico dos servidores públicos civis da União, das autarquias e das fundações públicas federais", instituindo gratificação decorrente do exercício de atividades de fiscalização da execução de contratos administrativos.*
> *O Congresso Nacional decreta:*
> *Art. 1º O art. 61 da Lei nº 8.112, de 11 de dezembro de 1990, passa a vigorar com a seguinte redação:*
> *"Art. 61. ....*
> *...*
> *X – gratificação decorrente do exercício de atividades de*
> *fiscalização da execução de contratos administrativos." (NR)*
> *Art. 2º O Capítulo II do Título III da Lei nº 8.112, de 1990, passa a vigorar acrescido da seguinte Subseção IX:*
> *"Subseção IX*
> *Da Gratificação Decorrente do Exercício de Atividades de Fiscalização da Execução de Contratos Administrativos*
> *Art. 76-B. A gratificação decorrente do exercício de atividades de fiscalização da execução de contratos administrativos é devida ao servidor que, em caráter eventual e específico, for designado para acompanhar e fiscalizar, nos termos do art. 67 da Lei nº 8.666, de 21 de junho de 1993, a execução de acordos de vontades por ela regidos, bem como de seus aditamentos, atestando a veracidade das respectivas ordens de pagamento.*
> *§ 1º Os critérios de concessão e os limites da*
> *gratificação de que trata este artigo serão fixados em regulamento de responsabilidade do órgão onde o servidor esteja lotado, observados os seguintes parâmetros:*
> *I - o valor da gratificação será calculado em percentual, observadas a natureza e a complexidade da atividade exercida;*
> *II - a retribuição não poderá ser superior ao equivalente a*

dois vencimentos básicos do servidor por ano, admitindo-se em situações excepcionais, motivadamente e mediante autorização prévia e expressa da autoridade máxima do órgão ou entidade, o acréscimo de até um vencimento básico do servidor por ano;

III - o valor máximo da gratificação corresponderá aos seguintes percentuais, incidentes sobre o maior vencimento básico previsto nos quadros de pessoal da administração pública federal:

a) 0,3% do valor das despesas efetuadas atestadas pelo fiscal ou equipe, em se tratando de atividade prevista no inciso III do art. 22 da Lei nº 8.666, de 1993;

b) 0,2% das despesas efetuadas atestadas pelo fiscal ou equipe, em se tratando de atividade prevista no inciso II do art. 22 da Lei nº 8.666, de 1993;

c) 0,1% das despesas efetuadas atestadas pelo fiscal ou equipe, em se tratando de atividade prevista no inciso I do art. 22 da Lei nº 8.666, de 1993.

§ 2º As atividades que servem como fundamento para a concessão da gratificação a que se refere o caput deste artigo serão exercidas sem prejuízo das atribuições do cargo de que o servidor for titular.

§ 3º A gratificação prevista no caput deste artigo será concedida através de ato administrativo específico, no qual o destinatário será designado de forma expressa por autoridade competente para fiscalizar a execução de contrato administrativo previamente determinado.

§ 4º Somente poderão ser destinatários do ato a que se refere o § 3º deste artigo servidores ocupantes de cargo público efetivo possuidores de capacitação técnica para o exercício da atribuição e, quando for o caso, da titulação acadêmica para tanto exigida.

§ 5º O pagamento da gratificação disciplinada neste artigo dependerá da existência de documentos aptos a comprovar a efetiva realização da despesa decorrente da execução do contrato administrativo a que se atrele a concessão da vantagem.

§ 6º Nos contratos administrativos em que a fiscalização exigir a participação de mais de um membro, a gratificação a ele vinculada será objeto de rateio em partes iguais entre os servidores que participarem de cada etapa de pagamento da respectiva despesa.

§ 7º Na formação das equipes multidisciplinares de que trata o § 6º deste artigo, o número de membros será limitado a até dois servidores por especialidade, admitindo-se, em situações excepcionais, motivadamente e mediante autorização prévia e expressa da autoridade máxima do órgão ou entidade, o acréscimo de até um servidor por especialidade.

§ 8º A gratificação decorrente da aplicação deste artigo não será devida ao servidor ou equipe de servidores que fizerem uso da contratação de terceiros para assisti-los ou subsidiá-los de informações pertinentes à fiscalização do contrato administrativo.

§ 9º A gratificação a que se reporta este artigo não se incorpora à remuneração do servidor para qualquer efeito e não poderá ser utilizada

como base de cálculo para quaisquer outras vantagens, inclusive para fins de cálculo dos proventos da aposentadoria e das pensões.

§ 10. A gratificação concedida na forma deste artigo será automaticamente sustada na ocorrência de irregularidade na execução do contrato administrativo que não tenha sido constatada pelo destinatário da vantagem.

§ 11. Na hipótese do § 10 deste artigo, serão objeto de restituição ao erário, na forma da legislação aplicável, os valores percebidos a partir do momento em que ficar comprovado que o servidor reunia as condições necessárias para constatar a irregularidade cuja ocorrência houver suscitado a aplicação daquele dispositivo."

Art. 2º Esta lei entra em vigor na data de sua publicação."

O projeto não logrou êxito, à época, devido ao fato de que, iniciativas dessa natureza, que ensejam despesas, devem ser propostas pelo Poder Executivo, nos termos da Constituição Federal. O atual contexto das intensas políticas públicas na área de infraestrutura, os chamados programas de aceleração do crescimento (PACs), e as desafiantes obras de infraestrutura para atender as demandas da Copa do Mundo de Futebol de 2014 e da Olimpíada de 2016, pode ser o ambiente ideal para reviver esse projeto.

14.3 Da Criação do Crime de Malversação de Recursos Públicos

É claro, que mesmo com a existência de um órgão central para coordenar a padronização de ações de planejamento e execução de obras de engenharia, e a criação de uma gratificação para estimular a participação de bons servidores nas tarefas de fiscalização de contratos não eliminará, por completo, os maus servidores, políticos e empresários dos processos de licitação e execução contratuais.

Para esses, se faz necessária a criação de uma legislação penal mais moderna e rígida, de forma a propiciar aos operadores do Direito algumas ferramentas punitivas mais efetivas.

Nesse sentido, no ano de 2006, o autor idealizou um anteprojeto de lei, que foi acolhido pelo ex-Deputado Carlos Mota, que apresentou o projeto de Lei n º 6.735/2006, da Câmara dos Deputados Federais, que tipifica as condutas do denominado Crime de Malversação de Recursos Públicos.

Com a tipificação dessa nova modalidade de crime, o Brasil estará caminhando em direção de cumprir diretrizes internacionais no combate a corrupção, de acordo com o que exige o Decreto nº. 5.687, de 31 de janeiro de 2006:

> "DECRETO Nº 5.687, DE 31 DE JANEIRO DE 2006
> Promulga a Convenção das Nações Unidas contra a Corrupção, adotada pela Assembléia-Geral das Nações Unidas em 31 de outubro de 2003 e assinada pelo Brasil em 9 de dezembro de 2003.
> Artigo 17
> Malversação ou peculato, apropriação indébita ou outras formas de desvio de bens por um funcionário público.
> Cada Estado Parte adotará as medidas legislativas e de outras índoles que sejam necessárias para qualificar como delito, quando cometido intencionalmente, a malversação ou o peculato, a apropriação indébita ou outras formas de desvio de bens, fundos ou títulos públicos ou privados ou qualquer outra coisa de valor que se tenham confiado ao funcionário em virtude de seu cargo."

Esse projeto de lei vem de encontro aos diversos esforços empreendidos pelos Tribunais de Contas, no aprimoramento legal e administrativo e no controle das despesas públicas, apresentando perfeita sinergia com as ações já adotadas.

Se criada a nova tipificação penal – crime de malversação de recursos públicos – poderá, indiretamente, estimular a implementação do Registro Geral de Preços, já previsto na Lei nº 8.666/93, que até hoje não ocorreu.

Um substitutivo do referido projeto de Lei foi aprovado na Comissão de Constituição, Justiça e Cidadania (CCJC), por unanimidade, em novembro de 2006, e encontra-se, até o ano 2010, aguardando para entrar na pauta de votações do plenário da Câmara dos Deputados Federais. Da leitura das condutas criminosas tipificadas, no referido projeto de Lei, é possível perceber o detalhamento e cuidado na sua definição, transcreve-se:

"Tipifica o crime de malversação de recursos públicos.
O Congresso Nacional decreta:
Art. 1º Esta Lei tipifica o crime de malversação de recursos públicos.
Art. 2º Considera-se crime de malversação de recursos públicos:
I – a definição em edital de licitação ou contrato administrativo de preço unitário ou global para realização de obra, aquisição de material ou contratação de serviço incompatível com o fixado pelo órgão ou entidade pública para tanto competente ou com o valor médio de mercado estabelecido a partir de sistema oficial de registro de preço, quando houver, ou, se não existir, com o valor resultante de consulta que leve em conta o preço praticado por pelo menos três empresas, exceto na hipótese de exclusividade quanto à atividade;
II – a realização de serviços ou aquisição de materiais em quantidades significativamente superiores às indispensáveis para a execução do objeto do respectivo contrato administrativo;
III – a aquisição de material inadequado, contratação de serviço insatisfatório ou realização de obra incompatível com o resultado que dela se deve exigir mediante a celebração de contrato administrativo e com prejuízo mensurável em termos objetivos à qualidade, à vida útil, à segurança, à efetividade do serviço contratado ou à satisfação dos usuários da obra ou do serviço abrangidos;
IV – a produção ostensiva ou o reconhecimento e aceitação do rompimento do equilíbrio econômico-financeiro de contrato administrativo de forma evidentemente prejudicial à administração pública;
V – o recebimento definitivo de material ou serviço que não se apresente em conformidade com os termos do respectivo edital de licitação ou contrato administrativo seguido de outorga de quitação quanto ao cumprimento da obrigação ao contratado;
VI – a definição imprecisa de objeto de contrato administrativo que dificulte ou inviabilize que se possa mensurar adequadamente a respectiva expressão monetária ou como deve ser efetivada a sua execução;
VII – a realização de negócio relativo a quaisquer bens ou direitos, inclusive títulos e valores mobiliários, em que o preço praticado se revele incompatível com o valor decorrente de avaliação realizada por órgão ou entidade pública, inclusive de controle, ou por instituição idônea;
VIII – a concessão ou a manutenção de benefício de natureza previdenciária ou assistencial com valor superior ao legalmente estabelecido ou indevidamente em favor de seu destinatário;
IX – o pagamento de indenização em valor superior à condenação imposta ao erário pelo Poder Judiciário ou, quando decorrer de decisão administrativa, de forma evidentemente desproporcional em relação à extensão do dano material cuja reparação aquela visa;
X – a restituição legalmente indevida de valor arrecadado a título de tributo ou contribuição social;
XI – a concessão ou reconhecimento de imunidade ou isenção de tributo ou contribuição social a quem não atenda aos requisitos legais para tanto legalmente estabelecidos ou a manutenção indevida de tais condições;

XII – a concessão ou reconhecimento legalmente indevido de anistia, remissão, compensação ou qualquer forma de extinção do crédito tributário cujo valor exceda aquele correspondente ao previsto no inciso II do art. 24 da Lei no 8.666, de 21 de junho de 1993;

XIII – a realização de publicidade institucional com intuito de promoção pessoal, inclusive mediante a utilização de símbolo, sinal ou frase padrão que permita a identificação direta do agente público beneficiado pela mensagem transmitida.

Art. 3º Comete o crime de malversação de recursos públicos quem, revestindo-se ou não da qualidade de funcionário público, der, por ação ou omissão dolosa ou culposa, causa à sua ocorrência, dele se beneficiar ou, investido em cargo, emprego ou função cujas atribuições incluam o controle da despesa ou receita abrangida, deixar de identificar a prática do delito logo que tomar conhecimento das circunstâncias que o envolvam, sujeitando-se à pena de reclusão de dois a dez anos e

multa, se o crime for doloso, ou de detenção de seis meses a dois anos e multa, se o crime for culposo.

§ 1º A pena aludida no caput deste artigo:

I – agravar-se-á em até um terço se, da prática do crime, resultar dano ao erário superior ao valor decorrente da aplicação do disposto na alínea c do inciso II do art. 23 da Lei no 8.666, de 21 de junho de 1993;

II – será proporcional, no que se refere à multa, à extensão do dano causado ao erário;

III – aplicar-se-á exclusivamente, no que se refere à multa, àqueles que se beneficiarem do dano causado ao erário, não podendo o respectivo valor exceder o dobro do ganho obtido.

§ 2º A pena de reclusão poderá ser substituída pela de detenção diminuída de um a dois terços ou apenas pela aplicação de multa se o réu:

I – for primário, desde que o dano causado ao erário não seja superior ao valor ao decorrente da aplicação do disposto na alínea a do inciso II do art. 23 da Lei no 8.666, de 1993; ou

II – promover espontaneamente, antes do oferecimento da denúncia, a reparação do dano causado ao erário.

Art. 4º Para os fins desta Lei, consideram-se recursos públicos quaisquer bens e direitos integrantes do patrimônio da União, dos Estados, do Distrito Federal e dos Municípios, de autarquias, fundações, empresas públicas ou sociedades de economia mista ou ainda de quaisquer outras entidades ou empresas direta ou indiretamente controladas pela administração pública, mantidas parcial ou integralmente por subvenções previstas em orçamento público ou sustentadas por obrigações de natureza pecuniária previstas em lei e de caráter compulsório.

Parágrafo único. Estende-se o disposto no caput deste artigo aos recursos pertencentes a entidades fechadas de previdência complementar patrocinadas por empresas públicas, sociedades de economia mista ou outros órgãos entidades e órgãos da administração pública.

Art. 5º Esta Lei entra em vigor na data de sua publicação."

O projeto de Lei n° 6.735/2006, que tipifica o crime de malversação de recursos públicos, seria um marco legal para o efetivo combate a diversas formas de corrupção da máquina administrativa, dentre elas, o superfaturamento de despesas públicas.

O superfaturamento é uma das principais raízes de diversas outras modalidades de crimes, como a lavagem de dinheiro, corrupção passiva e ativa, e o uso de Caixa dois, em campanhas eleitorais.

É certo, que atacando a origem dos recursos que impulsionam essas outras atividades ilícitas, a União e seus entes estarão tornando muito mais eficazes as ações dos órgãos de controle e repressão, como também criando um ambiente institucional, que estimule um maior zelo com a coisa pública.

15 CONCLUSÕES E PERSPECTIVAS

O presente trabalho abrangeu um amplo leque de situações corriqueiras no dia-a-dia das licitações e execuções de obras públicas, todavia, pretende ser uma primeira versão de uma série de estudos sobre o tema. Espera-se estimular os estudos, tanto acadêmicos quanto profissionais, sobre as fraudes em licitações de obras públicas. O longo histórico de fraudes em obras públicas e os imensos investimentos, previstos para os próximos anos – Copa do Mundo Futebol de 2014 e Jogos Olímpicos de 2016 - apresentam desafios enormes para o governo brasileiro e para a sociedade civil organizada, que pode e deve contribuir no aperfeiçoamento de todo esse processo.

O estudo de temas ainda não sedimentados, como a referência de preços para as obras de grande porte, eliminação das exigências editalícias restritivas ao caráter competitivo das licitações e a falta de planejamento das obras públicas serão certamente temas do futuro próximo. O autor espera ter contribuído para esse processo de aperfeiçoamento, principalmente, pelas soluções apresentadas, em especial, a tipificação de uma nova categoria de crime, o Crime de Malversação de Recursos Públicos (PL 6735/2006 – Câmara dos Deputados Federais).

Espera-se, que a disciplina de engenharia de custos, aplicada a questões judiciais, continue em permanente evolução, como uma forma de se acompanhar as esperadas inovações nas formas de fraude ou mesmo eventuais ajustes metodológicos oriundos de novos dados coletados pelos peritos criminais federais ao longo das investigações e de outros profissionais dessa comunidade. Somente a aplicação dos conceitos e formulações matemáticas aqui propostos em casos concretos tem se mostrado eficaz na sedimentação dos múltiplos conceitos propostos, logo, mãos a obra.

No intuito de continuar e intensificar a interação com a comunidade técnico-científica o autor criou uma conta de e-mail, como forma de repositório de críticas, sugestões, envio de artigos, referências bibliográficas e quaisquer informações sobre danos ao erário relacionados a obras públicas, contatos pelo e-mail: superfaturamento@gmail.com.

REFERÊNCIAS BIBLIOGRÁFICAS

A Coroa, A Cruz E A Espada - Lei, ordem e corrupção no Brasil Colônia, da Coleção Terra Brasilis - Volume 4 - 2006 - Eduardo Bueno – Editora Objetiva – ISBN 85-7302-814-9.

Brasil, Tribunal de Contas da União. Licitações e contratos: orientações básicas / Tribunal de Contas da União, 2. Ed. Brasília: TCU, Secretaria de Controle Interno, 2003.

BRASIL. Câmara dos Deputados. Projeto de Lei nº 6.735 de 2006. Disponível em: www.camara.gov.br/internet/sileg/ Prop_Detalhe.asp?id=317340. Acesso em: 25-07-2010.

BRASIL. Lei nº 12.309, de 09 de agosto de 2010. Diário Oficial da União, Brasília, DF, Ano 147, nº 152, 10 agosto 2010. Seção I, p.1.

BRASIL. Lei nº 8.112 de 1990. Disponível em http://www.planalto.gov.br/ccivil_03/Leis/L8112compilado.htm. Acesso em 25-07-2010.

BRASIL. Lei nº 8.666 de 1993. Disponível em http://www.planalto.gov.br/ccivil_03/Leis/L8666compilado.htm. Acesso em 25/07/2010.

BRASIL. Portaria DNIT nº 1.186, de 01 de outubro de 2009. Disponível na Internet via WWW. URL: http://www.DNIT.gov.br/servicos/bdi/PORTARIA_1186_BDI_27-84.pdf/view, acessada em 06/10/2010.

BRASIL. Tribunal de Contas da União. Acórdão nº 325/2007 - TCU - Plenário. Relator: Ministro Guilherme Palmeira. Brasília, 14 de março de 2007. Diário Oficial de União, 16 de mar. 2007.

Fernandes, Jorge Ulisses Jacoby. Vade-mécum de licitações e contratos. Legislação: organização e seleção, jurisprudência, notas e índice de Jorge Ulisses Jacoby Fernandes. 2. Ed. Belo Horizonte: Fórum, 2005. 2580 p. ISBN: 85-89148-68-8.

LIMA, Marcos Cavalcanti. "SOBREPREÇO DE PREÇOS DE REFERÊNCIA E CONLUIO - COMPARAÇÃO DE CUSTOS REFERENCIAIS DO DNIT E LICITAÇÕES BEM SUCEDIDAS". Brasília: setembro de 2009, V Seminário de Perícias de Engenharia Civil.

Lopes, Alan. Projeto de Lei 6.735/06: Tipificação do crime de malversação de recursos. Foz de Iguaçu. Disponível em http://www2.tce.pr.gov.br/xisinaop/Trabalhos/ Projeto%20de%20Lei%206735-06.pdf, acesso em 20/07/10.

ORGANIZAÇÃO DAS NAÇÕES UNIDAS. **Convenção das Nações Unidas contra a Corrupção**. Mérida, 11/12/2003. Disponível em <http://www.onu-brasil.org.br/doc_contra_corrup.php>, acessado em 20/07/2010.

Polícia Federal, Instrução Técnica (IT) 002-DITEC, de 10 de março de 2010 - Dispõe sobre a padronização de procedimentos e exames para análise de desvios de recursos públicos em obras no âmbito da perícia de Engenharia Legal (Engenharia Civil)

Polícia Federal, Orientação Técnica (OT) 001-DITEC, de 10 de março de 2010 - Dispõe sobre a padronização de procedimentos e exames para análise de desvios de recursos públicos em obras no âmbito da perícia de Engenharia Legal (Engenharia Civil).

TCU, Revista do TCU, Controle Externo – Periódicos – Brasil. Tribunal de Contas da União. Brasília, v. 32, n. 88, abr/jun 2001.

www.ingramcontent.com/pod-product-compliance
Lightning Source LLC
Chambersburg PA
CBHW051504170526
45166CB00001B/375